遺伝子デザイン学入門

[かんたんデザイン編] I 山崎健一・伊藤健史◆著

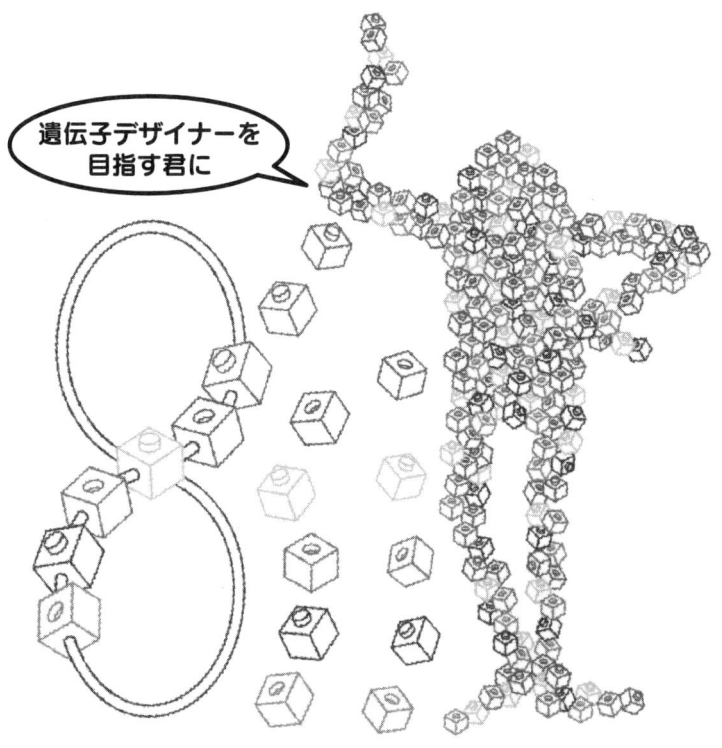

遺伝子デザイナーを目指す君に

北海道大学出版会

まえがき

 2010年，著者は北海道大学の学部生からなる大会参加チームを編成し，iGEM(生物ロボットコンテスト)2010(於：米国マサチューセッツ工科大学)への挑戦を始めました。これをきっかけとして，この国際大会に各国から参加する学部生チームが標準として用いている遺伝子デザイン技術が，工学原理に基づいて構築され，これに用いる遺伝子部品が質的にも量的にも私の予想以上のものであることに気づかされました。

 こうした技術基盤の構築は，これまで「経験値の高い研究者にしか手の届かなかった遺伝子デザイン技術」を，「経験の浅い(またはまったく経験のない)大学の学部生にも手の届く技術」に進化させることとなりました。「ここまで技術基盤がしっかりしているなら，生物学を大学で学び始めたばかりの1年生にも習得可能なのではないか」と考えるようになり，2011年度から，思い切って北海道大学理系の1年生を対象として開講されている一般教育演習(通称：フレッシュマンセミナー)のメニューのひとつとして，「遺伝子デザイン学入門などという講義を開講してみようか」ということになりました。

 本書の原稿は，初めのうちはこの講義をするためのテキストとして作成したものでした。ですから，高校で生物学をまじめに勉強した人なら理解可能となるように作成しました。著者としては，本書が①遺伝子デザインに興味を持っている学生の独学用テキス

トとして，②遺伝子デザイン法を教育したいという大学の教師の講義ノートとして，③これから遺伝子デザイン法を学びたいという研究者・技術者の入門書として，④iGEM チームのメンバーとして「生物ロボットコンテスト」への参加に挑戦してみたいという学部生のグループ学習用テキストとしてなど，多くの方々にさまざまな場面で活用していただけるならば幸いです。

2012 年 10 月

北海道大学地球環境科学研究院・准教授・医学博士　山崎　健一

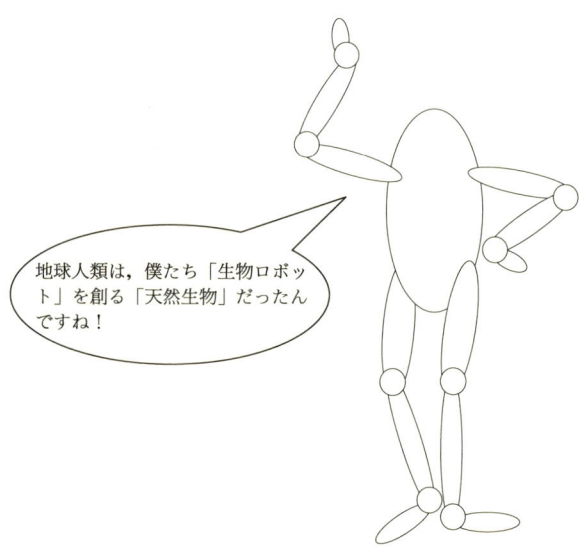

地球人類は，僕たち「生物ロボット」を創る「天然生物」だったんですね！

目　次

まえがき　i

序　章　1

第1章　遺伝子デザイン　9

1.1　従来の遺伝子組換え技術による部品の選択と連結　12
1.2　工学原理に基づく遺伝子デザイン　14
　　　工学原理に基づく遺伝子デザインとは何か　14 / 工学原理に基づく遺伝子部品の選択　15 / 工学原理に基づく遺伝子配列情報の連結　18

第2章　遺伝子各部位の配置・役割・構造　21

2.1　遺伝子各部位の配置と役割　22
　　　プロモーター領域(コアプロモーター領域と転写調節領域)　22 / 転写開始部位　24 / 5′非翻訳領域　24 / 翻訳開始部位　24 / タンパク質コード領域　25 / 細胞内器官への局在化シグナル　25 / タンパク質ドメイン　26 / 翻訳終結部位　26 / 3′非翻訳領域　26 / 転写終結部位　26
2.2　遺伝子部品の形　27
　　　TATAボックス配列から転写開始部位　27 / 転写調節領域のシスエレメント　27 / 転写開始部位から翻訳開始部位　27 / タンパク質コード領域　28 / シグナルペプチド

配列　28 / 翻訳終結部位　28 / ポリA付加シグナル部位　29 / 転写終結部位　29

第3章　遺伝子部品をつないで遺伝子を組立てる　33

3.1　遺伝子を組立てる　34
遺伝子部品の形　34 / ふたつのGenPartsの連結　35

3.2　生物デバイス(BioDevices)とは　38

3.3　デザインに基づいて遺伝子を構築する　39
遺伝子部品を含むDNA断片の増幅に利用するPCRとは　39 / 遺伝子部品の加工に用いる制限酵素とは　40 / 遺伝子部品とベクターとの連結に用いるDNAリガーゼとは　41

第4章　生物デバイスと生物デバイスドライバー　45

4.1　生物デバイスドライバーとは　46
生物デバイス情報の発現には遺伝子系(生物デバイスドライバー)が必要　46 / 生物デバイスドライバーと最小ゲノム　48 / 個々の生物デバイスの設計からゲノム合成に至る道筋　48

4.2　天然および人工の生物デバイスドライバー　49
地球型生物の生物デバイスドライバー　49 / 人工生物の生物デバイスドライバー　50 / 人工生物との共存　52

第5章　生物デバイス　55

5.1　生物と生物デバイス　56
5.2　生物と最小ゲノム　56

5.3 最小ゲノムを構成する5つのコア生物デバイス群情報 58
生物デバイスドライバー 58 / 多様な分子を生合成する生物デバイス群 59 / エネルギー分子を生合成する生物デバイス群 60 / 自己複製のための生物デバイス群 60 / 環境応答のための生物デバイス群 61

5.4 アクセサリー生物デバイス群 61
細菌の運動に必要な生物デバイス群 62 / 細菌の生体防御をする生物デバイス群 63 / 細菌の新資源を活用する生物デバイス群 63 / 微生物の環境適応に必要な生物デバイス群 64

第6章 植物で機能する生物デバイスの実例 67

6.1 植物でバイオセンサーを作る 68
6.2 植物に生物デバイスを導入してバイオセンサーを作る 68
6.3 植物に導入する生物デバイスのコンセプトデザイン 69
6.4 生物デバイス情報の植物への導入 71
6.5 植物に導入する生物デバイス情報作りに必要な遺伝子部位 71
6.6 ステロイドホルモンの存在を検知し,青く変化する植物バイオセンサー 75

第7章 遺伝子デザインツール 79

7.1 遺伝子デザインツール「UGENE」とは 80
UGENEのインストール 81 / UGENEの起動 82 / 新規プロジェクトの作成 82 / 遺伝子部品情報(GenBank形式)のダウンロード 84 / .gbファイルのProjectへの読

み込み　87
7.2　遺伝子部品配列情報を作成する　87
遺伝子部品コア配列情報を準備する　87 / 遺伝子配列にプレフィックス配列(共通上流配列)とサフィックス配列(共通下流配列)を連結して遺伝子部品配列情報を作成　88 / 切断に利用する制限酵素認識配列の設定　90 / GenPartsのプレフィックスとサフィックスの配列を遺伝子部品コア配列の両端に連結する　91
7.3　遺伝子部品配列情報の制限酵素処理シミュレーション　97
7.4　制限酵素処理後の遺伝子部品配列情報の連結シミュレーション　100

第8章　「遺伝子をデザインする」とはどういうことか　105

8.1　遺伝子部品の役割を単文で表現　107
8.2　ひとつの人工遺伝子を短い文章で表現　108
8.3　複数遺伝子からなる人工生物デバイスを短い物語で表現　109
8.4　生物個体の各器官の機能は長い物語　110
8.5　魅力的な生物デバイスの構築には多くの知識と創造性が不可欠　111
8.6　生物デバイスの例を学ぶ　111

総合問題　115
あとがき　117
索　引　119

序　章

2010年の春,「米国カリフォルニア州にある**クレイグ・ヴェンター研究所**のヴェンター博士[*1]率いる研究チームが人工細菌の作成に成功した。」というニュースが世界を駆けめぐりました。正確には,「彼らが一から人工的に合成した50万塩基を超えるマイコプラズマという細菌の人工ゲノムDNAを,あらかじめ元のゲノムDNAを取り除いておいた細菌の抜け殻に導入したところ,導入された人工ゲノムDNAに基づく情報が起動し,この情報をもとにして人工ゲノムDNAのみを情報源として細菌が分裂を開始し,増殖できた。」という内容の論文が公開されました(Science 328: 958-959, 21 May 2010)[†1]。

こうした一連の研究の成果を知った,米国のオバマ大統領は,この種の研究の影響(医学・環境・国家安全への恩恵と危険性)を検討し,6か月間以内に報告書をまとめ提出するように「バイオ倫理委員会」に要請しました。このことは,ニュースとしても報じられました("Synthetic Biology Catches Obama's Eye.")[†2]。「バイオ倫理委員会」はこの要請に対し,180ページに及ぶ報告書(Presidential Commission for the Study of Bioethical Issues)[†3]を提出しました。

この報告書においてさまざまな問題が冷静に分析されました。それは,遺伝子組換え実験に対して一般市民が抱く「気持ち悪さ・怖さといった感情的なもの」とは別に,「技術そのものが持っている潜在的なリスクを正確に分析し,それらを最小化するために何が必要か」ということを検討するとともに,「この種の技術が持つであろう潜在的可能性や,価値あるものを最大化するには何をなすべきか」ということも検討しています。

その報告書のなかには,合成生物学的技術の利用により期待できる成果として,「総量が足りていないマラリア治療薬の生産に

より毎年数十万人の生命を救うことができること」,「インフルエンザの耐性獲得速度より速い速度でワクチンを生産し,インフルエンザの蔓延を未然に防げること」,「治療法の確立していない難病,例えばエイズのような疾病の治療のためのワクチンを生産できるであろうこと」などが,書かれていました。

ただ「怖い」という,一般市民の感情に配慮しつつも,「そういうことに翻弄されるだけではなく,一方では「人類の救いとなりうるこの技術の開発もクールに進めるべきである。」という未来を見据えた「政治家・研究者・技術者の責任」という視点が貫かれていました。

日本もこの種の基礎研究・応用研究では世界をリードする先進国のひとつです。例えば,京都大学の山中伸弥博士の研究グループが4つの遺伝子を,体細胞のなかで強制的に発現させると,その細胞をさまざまな細胞に分化することのできるiPS細胞に変

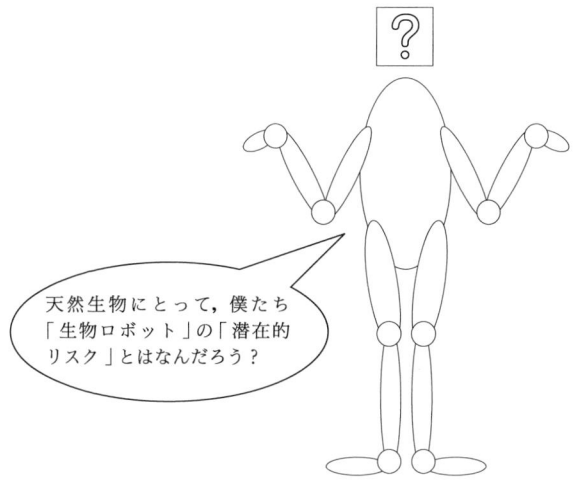

化させることができることを発見した研究により、「患者本人の身体からとった細胞に人工遺伝子を導入して遺伝子組換えiPS細胞[*2]を作り、その細胞を基にして臓器を再生して、患者の身体に戻す可能性」を示したノーベル賞受賞の偉業は記憶に新しいことです。

米国はこの種の研究では最も先端を行く国で、現在、北米で生産されている大豆の9割・トウモロコシの半分以上が遺伝子組換え作物となり、ますます普及しつつあります。その理由は単純明快です。「遺伝子組換え作物は病害虫・病原菌に対する抵抗性が高いので、生産者は農薬散布量を減らすことができ、地域住民への農薬散布による健康被害を減らすことができ、消費者にとっても食品を経由した農薬摂取量を減らすことができるから、遺伝子を組換えていない従来の作物よりも安全である」ということが根拠となっています。

この種の作物の生産に切り替える傾向は、中国でも急速に強まっています。これまでの研究によって、農薬の毒性は科学的にもはっきりしている一方、遺伝子組換え大豆やトウモロコシを食べることによる健康被害など科学的に立証された例はひとつもないのです。元々2〜3万個の遺伝子を含むゲノムに1〜3個の遺伝子を付加した野菜を食べたところで、食事により体内に取り込まれた遺伝子は消化酵素により全部バラバラの分子になるわけですから、毒性など生じるはずもありませんし、その毒性を主張することは反科学的思想の押しつけとなります。

もちろん栄養学的には、従来の作物と遺伝子組換え作物との間に、何の違いもないことは理論的にも明らかです。また、残留農薬を減らせるのであれば、遺伝子組換え作物の方がむしろ安全で

す。これまでに何億人もの人が遺伝子組換え作物を食べていますが，これが原因で死者や病人が出たという報告はひとつもありません。

ところが，日本ではこの技術が，生物である我々自身の遺伝情報に与える影響を懸念する妄想的論調は根強く，遺伝子組換え作物を食べることを嫌う感情や，遺伝子組換えそのものに対する嫌悪感などが多くの一般市民のなかに存在することも事実です。こうした一般市民の感情に配慮する必要性ももちろんありますが，それをそのままにしておいたのでは，政治家・研究者・技術者としての社会に対する教育責任を果たしているとはいえません。

現状において遺伝子組換え生物が生産現場ですでに利用されていたり，今後利用されるものの例として，①細菌や酵母を含む遺伝子組換え微生物による有用な物質の生産，②遺伝子組換え作物

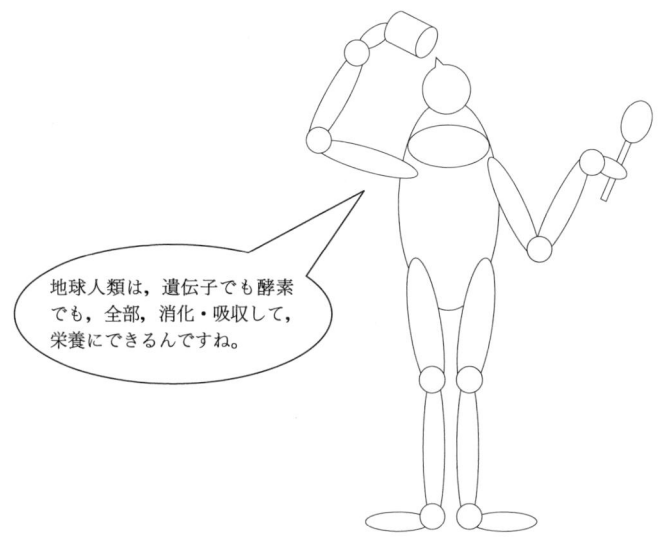

地球人類は，遺伝子でも酵素でも，全部，消化・吸収して，栄養にできるんですね。

そのものの生産と食品としての利用，③遺伝子組換え鶏によるワクチンや抗体の生産，④iPS細胞を活用した皮膚や心筋細胞の生産などが挙げられます。他方，利用においては今後その安全性についていくつかの検討が必要なものとして，①遺伝子組換え家畜による肉の生産，②遺伝子組換え昆虫による害虫の駆除，③遺伝子組換え魚類の養殖，④遺伝子組換え臓器の商業的大量生産などが挙げられます。

　いずれにしても，こうしたことに着手するか否かは，これらのことが安全に行えるかどうかが科学的に立証され，人類にとってメリットが大きいかどうかをよく考えてから科学的に判断すればよいことで，必要以上に恐れたり，不安を感じたりする必要はないのです。もちろん，こうした研究にかかわる研究者や研究を支援する行政にかかわる人間は，都合の悪い情報であっても，事実を故意に隠したり，捻じ曲げたりせず，真実を市民に公開する責任を有していることはいうまでもないことです。

[語句の説明]
*1 ジョン・クレイグ・ヴェンター（John Craig Venter）
1946年10月14日，ソルトレイクシティ生まれ。米国の分子生物学者，実業家。ゲノム研究とその産業利用において精力的に活動しています。ベトナム戦争に従軍し重傷を負って帰国後，カリフォルニア大学サンディエゴ校などで生化学を学び，1975年に生理学・薬学でPhDを取得。ニューヨーク州立大学バッファロー校の教授となり，1984年には国立衛生研究所（NIH）に移りました。NIHでは，Expressed Sequence Tag（EST:mRNAの目印となる一部の配列だけを調べて遺伝子のカタログを作成する方法）を用いてヒトの脳に含まれるmRNAの同定を始めました。こうして得た多数の遺伝子断片配列を研究資源として囲い込むため，1991年に特許出願しました。これは当時の上司ジェームズ・ワトソンら多くの研究者から非難を受けましたが，結局は有用性の記載がないとされ特許は拒絶されました。翌年NIHを辞め，各種生物のゲノム研究とそ

の利用を目的に，非営利財団であるゲノム科学研究所(The Institute for Genome Research：TIGR)を自ら設立。TIGR は 1995 年，生物種としては初めて，インフルエンザ菌の全ゲノム配列を決定しました。1998 年にはパーキン・エルマーの出資によりセレラ・ジェノミクス(Celera Genomics)が創立され，ヴェンターが初代会長となりました。1999 年には，各国の研究者が協力する公共プロジェクトであるヒトゲノム計画(HGP)が進むなかで，セレラではショットガンシークエンシング法を用いた自前の HGP を開始。これはゲノム情報の有料データベースを目的としていたため多くの研究者の反発を招き，またショットガン法も初めは非現実的だといわれていました。しかしこのことが結果的には公共 HGP を加速することになり，セレラもこれに協力せざるを得なくなりました。この後 2002 年にヴェンターは経営陣と対立しセレラを解任されましたが，2006 年，ヴェンターが設立した TIGR そのほかの財団は統合されて J・クレイグ・ヴェンター研究所(J. Craig Venter Institute)となり，彼が会長となりました。2007 年に同研究所のグループは，ヴェンター自身の完全ゲノム配列を公開しました。これはほぼ同時期に公表されたジェームズ・ワトソンのゲノムとともに，初めてのヒト個体完全ゲノム情報で，二倍体ゲノムのすべての相同遺伝子を含んでいます。さらに 2008 年には，細菌(マイコプラズマの一種 *Mycoplasma genitalium*)の全ゲノムの合成に初めて成功したと発表。2010 年 5 月，ヴェンターが率いる科学者グループはいわゆる合成生命(synthetic life)の作成に成功した初の例となりました。この単細胞生物には，それが合成物である証として，また子孫の追跡を可能にするため，DNA に書き込まれた 4 つの「透かし」が入っています。透かしにはⓐ全アルファベットおよび句読点のコード表，ⓑ研究に寄与した 46 人の科学者の名前，ⓒ 3 つの引用文，ⓓその細胞用の URL などが暗号で記述されています。(http://ja.wikipedia.org/wiki の記述を改変)

*[2] iPS 細胞

人工多能性幹細胞あるいは誘導多能性幹細胞(induced Pluripotent Stem cell)と呼ばれ，生物の体細胞を遺伝子組換え操作によって，別のさまざまな組織や器官の細胞へと新たに分化・増殖できる状態にしたもののことです。

[引用文献]

[†1] Synthetic Genome brings New Life to Bacterium. Science, 328 (5981): 958-959, 2010.

Creation of a Bacterial Cell Controlled by a Chemically Synthesized Genome. Science, 329 (5987): 52-56, 2010.

[†2] "Synthetic Biology Catches Obama's Eye." (May 21, 2010)

Researchers everywhere are gazing in awe at Craig Venter's latest achievement in synthetic biology. But the scientific community isn't the only one paying attention. President Obama is also keeping an eye on science, and has asked his bioethics commission to take a look at Venter's work and report back to him, says ScienceInsider. In the letter, addressed to commission chair Amy Gutmann, Obama asks the commission to do a six-month study on benefits and risks of the research to medicine, the environment, and national security and then report their findings and recommendations back to him, ScienceInsider says. "It is vital that we as a society consider, in a thoughtful manner, the significance of this kind of scientific development," Obama writes.

[†3] Presidential Commission for the Study of Bioethical Issues:
NEW DIRECTIONS (The Ethics of Synthetic Biology and Emerging Technologies)
http://bioethics.gov/cms/sites/default/files/news/PCSBI-Synthetic-Biology-Report-12.16.10.pdf

第1章 遺伝子デザイン

生命システムを自由自在にデザインして組立て，有用化学物質・エネルギー・食糧の生産，健康の維持や地球環境の修復などに役立てようとする夢のような技術がバイオテクノロジーの分野で産声を上げようとしています。それが合成生物学(Synthetic Biology)的遺伝子デザイン技術です。

生物個体の遺伝情報全体をとらえる概念である「ゲノム」を人工的に加工したり，場合によっては新規に合成したりします。具体的には新しい生命機能あるいは生命システムを利用するために，DNA 配列レベルで設計図を描き，それを基にして遺伝子(あるいは複数の遺伝子からなる遺伝子クラスター)や場合によってはゲノム全体を組立て，次にそれを細胞に導入して，新しい機能を付加した生物を作り出します。

このような研究分野で成果を生むためには，個々の人工遺伝子は正しく設計され，そこにコードされた情報に基づいて作成者の意図したとおりの機能が発現されなければなりません。そのために必要な技術が工学原理に基づく遺伝子デザインです。

それでは，遺伝子デザインについての勉強を始めることにしましょう。勉強を始めるにあたって，まず，最初におことわりしておかなければならないことがあります。本書を用いた勉強を通じて，1年あるいは何年か後に，みなさんは実際に人工遺伝子を構築して，生物に導入し，生物ロボットを構築したいと考えておられることでしょう。そのためには下記の 10 のステップを完璧にこなす必要があります。みなさんが本書から学べる部分は，下記の項目の⑤から⑦までの部分です。

①人類に役立つ生物ロボットの具体的イメージを描く。
②生物ロボットに改変する生物種を選択する。

③生物ロボットに役割を果たさせるのに必要な分子機構モデルを描く。

④分子機構モデルを構成するのに必要なタンパク質や遺伝子を選択する。

---

⑤選択したタンパク質や遺伝子が，選択した生物種の細胞内で期待どおりの役割を果たすために必要な条件をすべて調査する。

⑥選択した遺伝子部品を正しく配置して，導入する人工遺伝子を大まかにデザインする。

⑦選択した遺伝子配列情報を，遺伝子デザインツールを用いてパソコン上で連結し，実際に遺伝子を構築するための実験のシミュレーションを行う。

---

⑧遺伝子構築シミュレーションどおりに遺伝子部品を連結して人工遺伝子を作製する。

⑨作製した人工遺伝子を細胞に導入する。

⑩意図したとおりの役割を生物ロボットが果たせるかどうかを実験によって検証する。

上記10項目の内，①〜④までの項目の習得には，本書の続編である「遺伝子デザイン学入門 II ——生物デバイスデザイン編(仮題)」(現在，鋭意執筆中です)を読んでいただく必要があります。続編では，優れた生物デバイスの実例を示しながら，さらにハイレベルな生物デバイスデザイナーになるために必要な幅広い知識を学んでいただくことになろうかと思います。

1.1 従来の遺伝子組換え技術による部品の選択と連結

20世紀終盤，国際的協力関係を基盤としてモデル実験生物やヒトなどのゲノム情報解析が行われ始め，21世紀に入ってからは，DNA配列解析装置の性能の飛躍的向上にともなって，ゲノム情報の蓄積速度は猛スピードで増大しつつあります。こうした段階を経て，いよいよ蓄積された遺伝子やゲノム情報を活用する時代が到来しました。解析された遺伝子には，それらの配列情報とともに，個々の遺伝子の機能や発現調節に関する情報も付記され，ゲノムなどのオープンな情報ソース(誰もが利用可能なゲノム情報基盤)の整備がなされてきました。また，生物資源保存機関が整備され，一定の条件が満たされれば，これらの遺伝子をcDNA断片やゲノムDNA断片として誰もが入手できるようになりました。現段階では，これらの遺伝子の提供は，遺伝子単位・BAC[*1]クローンのように長鎖のDNA断片単位でなされています。ですから研究者が仮に遺伝子をデザインしようとするとき，例えば，「A遺伝子の調節領域であるプロモーターの下流に，B遺伝子のタンパク質ドメインC[*2]とD遺伝子のタンパク質ドメインEをつないだ融合遺伝子を連結し，F遺伝子のターミネーターで転写が終結する人工遺伝子を作ろう」とした場合，生物資源保存機関などからA・B・D・F遺伝子を入手し，PCR[*3]反応によりプロモーターDNA断片A・タンパク質ドメインCやEをコードするDNA断片・ターミネーターDNA断片Fなど4種のDNA断片を調製してDNAリガーゼ[*4]で連結することになります。

このように，遺伝子資源がまだ部品化されていないために，研究者自身の手で，部品化を行ってから研究者各々のデザインコンセプトに基づいて，それぞれのDNA断片を連結し，**キメラ遺伝子**[*5]を合成することになります。しかも，遺伝子部品によっては，それらの性能が不明瞭な場合もあるため，構築した人工遺伝子を細胞や個体に導入して観察してみなければ，意図したとおりの結果が得られるかどうかが不確かな場合があります。さらに，これらの遺伝子部品を連結する場合に利用する制限酵素部位が個々の部品のなかに存在してはならないという制約もあり，現状では遺伝子デザインはかなりの専門的知識と熟練を要する職人技となっています。

[語句の説明]

[*1] BAC
 Bacterial Artificial Chromosome(大腸菌の人工染色体)といい，比較的長いDNA断片をクローニングするのに用いられます。F因子由来の複製起点を持ち，大腸菌内に導入されると菌体内で一コピーのみの状態で存在できます。

[*2] タンパク質ドメイン
 Protein Domainsといい，タンパク質の構造の一部で，ほかの部分とは独立した機能を持っています。

[*3] PCR
 Polymerase Chain Reaction(ポリメラーゼ連鎖反応)といい，耐熱性DNAポリメラーゼの酵素活性を利用してDNAのある一定部分だけを選択的に増幅させることができます。

[*4] DNAリガーゼ
 DNA Ligaseといい，隣接したDNA鎖の5′-P末端と3′-OH末端をホスホジエステル結合で連結する酵素です。

[*5] キメラ遺伝子
 キメラは，ギリシャ神話に登場するライオンの頭・山羊の身体・蛇の尻尾を持つ怪物のことです。このことより，ふたつ以上の違った遺伝子，または遺伝子の一部が融合した遺伝子をキメラ遺伝子と呼びます。

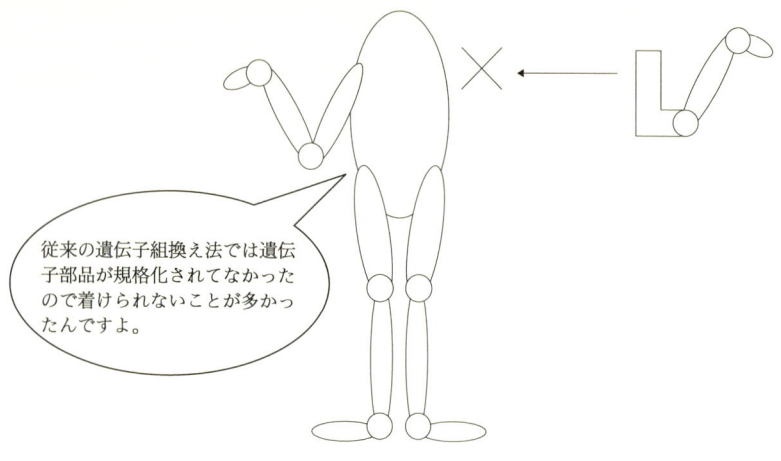

1.2 工学原理に基づく遺伝子デザイン

1.2.1 工学原理に基づく遺伝子デザインとは何か

「工学原理に基づく遺伝子デザイン」という言葉は，理化学研究所・生命情報基盤部門に所属されている豊田哲郎部門長が使い始められた言葉です。堅い言い方になりますが「客観的アルゴリズムで表現可能な設計思想に基づく合理的遺伝子設計」のことなんだそうです。

そのような設計思想に基づく，実際の遺伝子構築に際しては，従来の遺伝子デザインの場合と異なり，①性能既知で簡単に連結させることのできる規格化された遺伝子部品を使用し，②最適な部品を用いてキメラ遺伝子をデザインするための情報ツール（遺伝子デザインツール）を利用します。生命システムは非常に複雑なため，単純で人為的に操作可能な遺伝子ひとつひとつから組み上

げていこうとするわけですが，生命システムを組み上げようとする研究者は，まず新しい生命システム構築のための部品を工学原理に基づいて選択し，組み上げられる環境を必要とします。

しかし，これだけゲノム情報の蓄積がなされ，遺伝資源としてそれらが登録されていたとしても，「①どの遺伝子断片の②どの領域を③どのように連結すれば，④どのような機能を発揮する」といった情報が，どこかに登録されて，各遺伝子部品がカタログ化されているわけではなく，多くの場合，研究を推進しようとする研究リーダーの知識と経験に基づいて，使用する遺伝子領域の選択がなされ，ある程度はリーダーの勘にたよって使用する領域間の連結法が決められます。ただし，経験と勘によってデザインするのは心もとないので，いくつかの構造体を並行してデザインして作製し，それらの内，いくつかが期待どおりに機能を発揮することを祈って，研究が成功する確率を高めようとしています。

1.2.2 工学原理に基づく遺伝子部品の選択

新しい生命システム構築のための部品を工学原理に基づいて選択するためには，部品であるDNA断片に関する情報，つまり「①どの遺伝子断片の②どの領域を③どのように連結すれば，④どのような機能を発揮する」という情報が，カタログ化されている必要があります。しかしこのような情報は，配列を解析すればカタログ化できるという単純なものではなく，実際にさまざまな場面で繰り返し使用され，そのことによって得られた膨大な経験の蓄積を基にして下された部品の客観的性能評価があってはじめてカタログ化できるのです。このような客観的評価に基づく遺伝子部品カタログの構築のためには，これらが広く繰り返し使用さ

れるという場が必要となります。大腸菌ゲノム情報の利用において，その場を提供しているのが iGEM[*1] と BioBricks foundation[*2] というふたつの組織です。

iGEM の正式名称は The International Genetically Engineered Machine Competition といい，マサチューセッツ工科大学で毎年 11 月ごろ開催される合成生物学の世界大会です。合成生物学の大会としては世界最大規模を誇るもので，世界各地の大学の学部生や院生がチームを作って参加します。大会への参加チームは主催者から提供された 1,000 種を超える遺伝子部品(BioBricksと呼ばれる)を用いて独自の生物デバイス(BioDevices と呼ばれる)を設計し，それらを導入した遺伝子組換え大腸菌(生物ロボット)を作製し，大会当日には生物ロボットの性能についてのプレゼンテーションを行います。

2003 年に第 1 回大会が米国の 5 チームだけで開催され，2005 年に世界大会となってからは参加チーム数は増え続け，作品レベルも年々向上しています。2011 年の大会には数十か国・160 チーム・1,000 人以上が参加し，日本からも 9 チームが出場しました。

この大会を通じて，世界各地から参加した大学生チームにより，優れた遺伝子部品や生物デバイスは繰り返し使用され，問題のある遺伝子部品や生物デバイスは使われなくなり，各部品の性能は BioBrick カタログ[*3] に登録され，つねに修正されて行きます。このようなシステムにより遺伝子部品は標準化された**信頼度の高い部品に進化**[*1]します。これらカタログ化された遺伝子部品のコレクションは，合成生物学分野の研究者のオープンな情報基盤へのアクセスを可能にしました。しかし，このような標準化された信頼度の高い部品のカタログは，大腸菌ゲノム中の遺伝子を中

世界各国から iGEM2010 に参加した大学生チームの集合写真

心として構築されているのみで,そのほかの生物ゲノムの遺伝子に関しては,まだ,数が限られています。

1.2.3 工学原理に基づく遺伝子配列情報の連結

上記のような活動による経験の蓄積により,「①どの遺伝子断片の②どの領域」を選択すればよいかについては,解決の方向が見え始めています。しかし,「③どのように連結するか」については,どの論文を熟読してもその背後にある設計思想は客観的には記述されておらず,設計思想についてはほかの研究者が再利用できない情報となっている場合がほとんどです。現時点においては基本的デザイン技法に基づいて作られた遺伝子デザインソフトウェアが販売されているわけではないので,研究者の知識と経験

僕たち「生物ロボット」用の遺伝子部品は規格がそろっていて,どの部品ともつなげられるので,無限の組み合わせが可能です。

と勘に頼るしかありません。

「デザイン技法の再利用をしやすくするために，設計思想をアルゴリズム化し，プログラムとして共有する」ことができるようになれば，そのようなソフトウェアの使用は可能となるでしょう。新しい試みとして Unipro 社が無料で使用できるソフトウェア（オープンソース）として開発中の UGENE[‡4] が知られ始めており，近い将来，生物情報の基礎知識さえある人であれば専門家でなくとも利用できる遺伝子デザインツールの開発に大きく貢献するものと思われます。

［語句の説明］
[*1] **遺伝子部品の進化**
　遺伝子部品の進化とは，「長い年月をかけて天然の生物のなかで偶発的に生じる突然変異と生存競争の結果としての自然選択による一般的な進化」ではなく，作成者の意図によって作られた人工遺伝子がある種の選択を受けて水平伝播することによる進化です。この選択が経済原理によって起こる場合（例えばほとんどの遺伝子組換え作物のゲノムのなかには，ある種の土壌細菌の遺伝子断片がつねに含まれてる），経済選択（理化学研究所・豊田哲郎氏）と呼ぶことができます。また，「研究者がこれらの遺伝子部品を使用するにあたって，ある部品を使うことが研究の成功につながる確率を高めるという理由でよく使用され，それによって普及速度が速まるために水平伝播が急速に起こる。」という場合には，功利選択（北海道大学地球環境科学研究院・東正剛氏）と呼ぶこともできそうです。

［情報ソースの URL］
[‡1] iGEM の URL：http://2012.igem.org/Main_Page
[‡2] BioBrick foundation の URL：http://biobricks.org/
[‡3] BioBrick カタログの URL：http://partsregistry.org/Main_Page
[‡4] UGENE をダウンロードできる Unipro 社の URL：http://ugene.unipro.ru/index.html

第2章 遺伝子各部位の配置・役割・構造

2.1 遺伝子各部位の配置と役割

2.1.1 プロモーター領域（コアプロモーター領域と転写調節領域）

真核生物のコアプロモーター領域(図2.1)はTATAボックス結合タンパク質(TBP)の結合するTATAボックス(-31〜-25 bp)前後の配列から転写開始部位($+1$ bp)あたりまでに位置します。TBPを中心分子とするTFIID[*1]という基本転写因子にはTFIIB[*2]が結合し，TFIIDとRNAポリメラーゼII[*3]との橋渡しをしています。TFIIBの大きさは決まっているのでTATAボックスと転写開始部位との距離も25塩基対という決まった長さとなります。つまり，TATAボックスは転写開始部位の位置を決定する役割を担っているのです。また，TFIIDは**転写コアクチベーター**[*4]と結合して転写活性化情報をRNAポリメラーゼIIに伝える役割を果たしますので，TATAボックスは転写調節情報を仲介する複合体の足場ともなっています。

転写調節領域は多くの場合TATAボックスの上流数十〜数千塩基対のあたりに直列に配置されています。この領域の中に点在する転写調節配列はシスエレメントと呼ばれ，DNA結合性の転写調節因子の結合部位となっています。このDNA結合性の転写調節因子には転写コアクチベーターや**転写コリプレッサー**[*5]などが結合し，転写を活性化したり抑制したりしています。

上記のコアプロモーター領域と転写調節領域とを合わせてプロモーター領域と呼びます。原核生物のプロモーター領域(図2.2)は真核生物のものと比べると，単純な構造をしていて，-35 bp

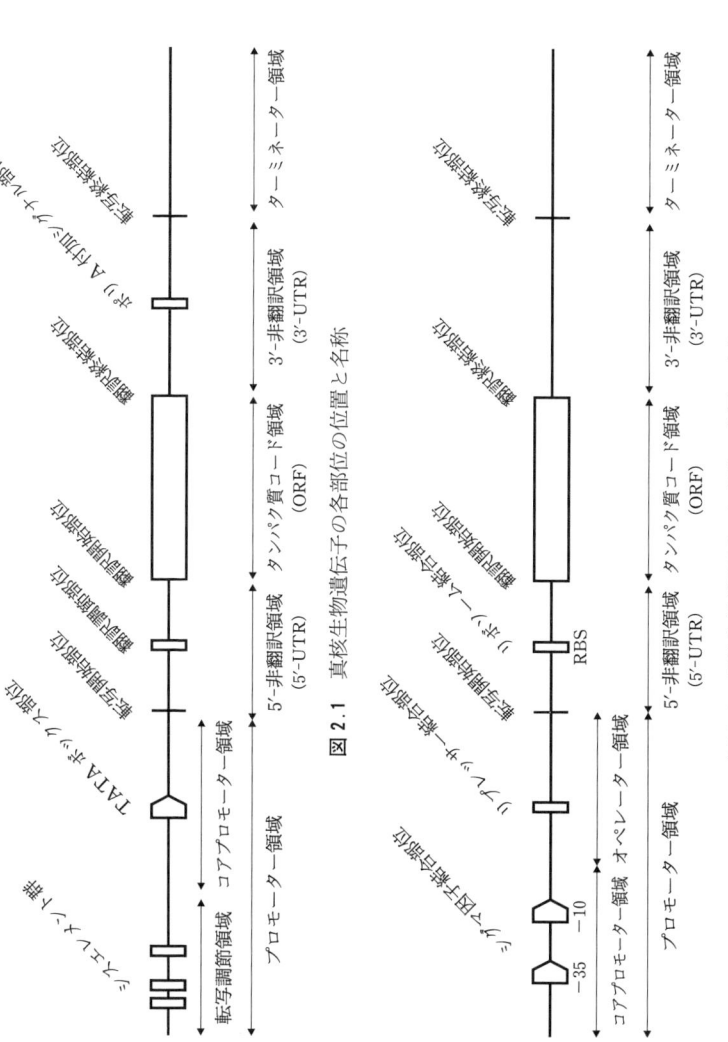

図 2.1 真核生物遺伝子の各部位の位置と名称

図 2.2 原核生物遺伝子の各部位の位置と名称

配列と−10 bp配列からなるσ因子[*6]の結合部位を含むコアプロモーター領域，これにオペレーター領域というリプレッサー(転写抑制因子)の結合する転写調節領域や転写開始部位とを合わせた領域を含みます。

2.1.2 転写開始部位

転写開始部位は転写開始点(+1 bp)を取り巻く数塩基対からなる部位で，RNAポリメラーゼIIの触媒部位により，RNAの5′末端となる塩基がそこに配置され，転写が開始されます。

2.1.3 5′非翻訳領域(5′-UTR, 5′-Untranslated Region)

転写開始点から翻訳開始点までの領域を5′非翻訳領域と呼びます。原核生物遺伝子の転写開始点(+1 bp)と翻訳開始点(転写開始点から数塩基〜数十塩基下流)までの間には翻訳調節領域(RBS：Ribosome Binding Site)という配列があります。リボソームRNAと相互作用してmRNAの翻訳効率を調節する領域で，mRNAからポリペプチドへの効率のよい翻訳に必要な領域です。すべてのmRNAにあるわけではなく，翻訳効率の高いmRNAに存在する場合があります。リボソーム結合部位とも呼ばれます。真核生物の遺伝子においてもこの領域に翻訳調節領域が存在する場合があります。

2.1.4 翻訳開始部位

真核生物遺伝子の場合でも原核生物遺伝子の場合でも，翻訳開始点は転写開始点の数塩基〜数十塩基下流にあります。転写開始点から下流に向かって塩基配列をたどっていくと最初に現れる

ATG が翻訳開始コドンとなる配列である場合と，何番目かの ATG である場合があります。その場合には上流の ATG の位置からの翻訳開始が，本来の ATG の位置からの翻訳開始に影響を与えている場合があります。この ATG 配列が mRNA に写し取られたとき AUG となり，ポリペプチド鎖合成の最初のアミノ酸であるメチオニンを指定します。

2.1.5　タンパク質コード領域 (ORF：Open Reading Flame)

第1番目のコドンである AUG から始まって，アミノ酸が対応していないコドン(終止コドン)が出現するまでの領域をタンパク質コード領域と呼びます。真核生物では遺伝情報が mRNA に写し取られイントロン[*7]の除去(スプライシング[*8])がなされた後，タンパク質コード領域は細胞質にてリボソームにより翻訳され，ポリペプチド配列に置換えられます。原核生物の場合は mRNA がイントロンを含まないので，スプライシングは起こりません。

2.1.6　細胞内器官への局在化シグナル

真核生物の場合，多くのポリペプチドの配列内には，そのタンパク質が合成された後，どの細胞内小器官に運ばれるかを指定するシグナペプチド配列が存在します。具体例としては，小胞体移行シグナル・小胞体保留シグナル・核移行シグナル・ミトコンドリアマトリックス移行シグナル・ペルオキシソーム移行シグナル・葉緑体タンパク質におけるトランジットペプチドなどが知られています。

2.1.7　タンパク質ドメイン

基本的にはポリペプチドの一次元的配列によって決定されているタンパク質の構造において，そのなかに含まれる独立性の高い，機能を発揮しうる，まとまった領域のひとつひとつをタンパク質ドメインと呼びます。

2.1.8　翻訳終結部位

タンパク質コード領域の直後に位置し，ポリペプチド鎖中アミノ末端の第1番目のメチオニンをコードするATGから始まって，その読み枠に従って3塩基ずつ区切っていくと，あるところでアミノ酸が対応していないコドン(終止コドン)をコードする部位が出現します。この部位を翻訳終結部位といいます。

2.1.9　3′非翻訳領域(3′-UTR, 3′-Untranslated Region)

翻訳終結部位から転写終結部位までの領域を3′非翻訳領域と呼びます。真核生物の場合には翻訳終結部位の数十塩基下流にポリA[*9]付加シグナルという部位がこの領域内にあります。このmRNA上の配列の下流が切断されると，ポリA合成酵素はこの切断によって出現したmRNAの3′末端にアデノシン-1-リン酸を数十〜数百塩基連結させます。

2.1.10　転写終結部位

転写終結部位は真核生物の場合にはポリA付加シグナルのさらに下流に位置し，RNA合成酵素はこの配列にさしかかるとRNA合成速度を低下させ，DNAとの親和性が低下してきて，やがてDNAから解離し，転写は終結します。

2.2 遺伝子部品の形

2.2.1 TATA ボックス配列から転写開始部位

真核生物である動物や植物の遺伝子において TATA ボックス配列は転写開始部位を +1 bp とした場合，−31 bp〜−25 bp の位置に存在します。TBP によって好まれる配列は，TATAAAT，TATATAA，TATATAT などです[1,2]。この配列の上流と下流には，TA の繰り返し配列はほとんど見られません。

2.2.2 転写調節領域のシスエレメント

真核生物のシスエレメントは DNA 結合性の転写調節因子の結合部位なので，その配列はさまざまです。しかし多くの場合 4〜10 塩基からなるユニットが単独で存在したり，同一ユニットが数個繰り返し並んでいたり，互い違いに並んでいたりします。また，ユニットどうしが密着している場合もあれば，数塩基挟んで並んでいる場合もあります。

このことはシスエレメントに結合する DNA 結合性の転写調節因子が単独で機能したり，2 量体，3 量体で機能する場合があったりすることに起因しています。このような機能の異なるシスエレメントが TATA ボックスの数十〜数百塩基上流に複数個配置されています。

2.2.3 転写開始部位から翻訳開始部位

真核生物の転写開始点付近は A または G で，その前後は，多くの場合ピリミジン塩基[*10]です。その下流の翻訳増幅配列はい

くつか知られてはいますが，あまりよく調べられていません。大腸菌ではリボソーム RNA によって認識される翻訳開始に必要な配列であるシャイン・ダルガノ配列(Shine-Dalgarno sequence)が知られています。AGGAGG のようにプリン塩基[*11](アデニン・グアニン)に富んだ 3〜9 塩基の長さの配列となっています。原核生物の 16S rRNA[*12] にはその 3′末端に CCUCCUA の配列(Anti-Shine-Dalgarno sequence)があり，シャイン・ダルガノ配列と相補的に分子解合(hybridization)します。

2.2.4 タンパク質コード領域

DNA 上のタンパク質コード領域最上流の配列は ATG です。ここから始まって，アミノ酸に対応していない配列(TAA, TGA, TAG)が出現するまでこの領域は続きます。この領域の配列に含まれる塩基数は正確に 3 の倍数になっており，終止コドン領域を含みません。mRNA 上の 3 種の終止コドン(UAA, UGA, UAG)以外の 61 通りのコドンはすべて 20 種類のアミノ酸配列に翻訳されます。

2.2.5 シグナルペプチド配列

ポリペプチド配列のなかにあって，そのポリペプチドが輸送されるべき標的器官を指定する目印となる配列です。図 2.3 にシグナルペプチド配列を示します。

2.2.6 翻訳終結部位

mRNA 上の第 1 番目のコドンである AUG から始まって，3 塩基ずつ塩基配列を区切っていったときに最初に出現する終止コ

小胞体[*13]移行シグナル：	NH₂ MMSFVSLLLVGILFWATEAEQLTKCEVFQ
小胞体保留シグナル：	NH₂ ……………………………… KDEL COOH
核移行シグナル(NLS)：	NH₂ ………… PPKKKRKV
ミトコンドリアマトリックス移行シグナル：	NH₂ MLSLRQSIRFFKPATRTLCSSRYLL
ペルオキシソーム[*14]移行シグナル(1)：	NH₂ ……………………………… SKL COOH
ペルオキシソーム移行シグナル(2)：	NH₂ ………… RKXXXXXHL

葉緑体タンパク質におけるトランジットペプチド：アミノ末端に存在する20アミノ酸程度の長さを持ち，葉緑体胞膜通過の際，切断されるポリペプチド部分

図2.3 シグナルペプチド配列 各アミノ酸名は一文字表記[*15]，アミノ末端を NH₂ で表記，カルボキシル末端を COOH で表記，任意のアミノ酸をXで表記，アミノ末端に存在する配列の場合はスペースを開けずに NH₂ に続けて表記，アミノ末端から少し離れて存在する配列の場合は NH₂ との間にスペース(……)を設けて表記，カルボキシル末端に存在する配列の場合はスペースを設けずに COOH の直前に表記．

ドン(UAA，UGA，UAGのいずれかひとつ)が翻訳終結部位です．

2.2.7 ポリA付加シグナル部位

3′-非翻訳領域の中にあるAATAAAあるいはこれに類する配列で，mRNA上ではAAUAAAという配列になります．

2.2.8 転写終結部位

真核生物の転写終結配列はいくつか知られてはいますが，あまりよく調べられていません．ポリA付加シグナルの下流約200塩基の領域に入っています．大腸菌では翻訳終結部位の下流に位置し，GCに富むステム・ループ構造[*16]を形成しうる領域があります．GCに富む領域でRNAポリメラーゼIIは減速し，その

下流の AT に富む領域にさしかかると RNA 合成酵素は DNA から解離します。

[語句の説明]
*¹ TFIID
　真核生物の RNA ポリメラーゼ II による転写開始のために必要な基本的転写因子のひとつで，TBP を足場として転写調節情報の仲介などを行います。
*² TFIIB
　真核生物の RNA ポリメラーゼ II による転写開始のために必要な基本的転写因子のひとつで，TFIID とコア RNA ポリメラーゼ II を結びつけています。
*³ RNA ポリメラーゼ II
　真核生物のメッセンジャー RNA を合成する酵素。
*⁴ 転写コアクチベーター
　真核生物の転写因子による転写活性化を助ける補助因子。
*⁵ 転写コリプレッサー
　真核生物の転写因子による転写抑制を助ける補助因子。
*⁶ σ 因子
　原核生物の RNA ポリメラーゼサブユニットのひとつで，コアプロモーターの −35 配列・−10 配列に結合します。
*⁷ イントロン
　真核生物遺伝子のタンパク質をコードしている複数の領域(エキソン)を分断している合成直後のメッセンジャー RNA 上の領域。
*⁸ スプライシング
　真核生物遺伝子が転写された直後のメッセンジャー RNA から，タンパク質をコードしていない複数の領域(イントロン)が取り除かれる過程。
*⁹ ポリ A
　真核生物のメッセンジャー RNA の 3′ 末端に存在する 200〜300 塩基のアデニンヌクレオチドのみからなる RNA 鎖。
*¹⁰ ピリミジン塩基
　チミンとシトシン残基。
*¹¹ プリン塩基
　アデニンとグアニン残基。
*¹² 16S rRNA
　原核生物のリボゾーム小サブユニットの骨格をなす RNA。
*¹³ 小胞体

ゴルジ体などからくびれ切られて生ずる一層の細胞膜によって仕切られた小胞。生体分子の細胞内輸送などに使われます。
*14 ペルオキシソーム
すべての真核細胞が持つ細胞小器官で，多様な物質の酸化反応を行っています。一重の生体膜に包まれた直径 0.1〜2 マイクロメートルの器官で，多くは球形です。
*15 アミノ酸の一文字表記
メチオニン(M)，アラニン(A)，バリン(V)，ロイシン(L)，イソロイシン(I)，プロリン(P)，フェニルアラニン(F)，トリプトファン(W)，システイン(C)，グリシン(G)，セリン(S)，トレオニン(T)，チロシン(Y)，アスパラギン(N)，グルタミン(Q)，アスパラギン酸(D)，グルタミン酸(E)，リシン(K)，アルギニン(R)，ヒスチジン(H)
*16 ステム・ループ構造
ひとつながりの DNA や RNA 鎖中の離れた領域どうしで，相補的に解合して二重鎖を形成した部分がステムで，その領域に挟まれた一本鎖部分がループとなってステム・ループ構造が作られます。

[引用文献]

[†1] DNA sequence requirement of a TATA-binding protein from Arabidopsis for transcription in vitro. Plant Mol Biol, 23: 995-1003, 1993.
[†2] TATA sequence requirements for the initiation of transcription for a RNA polymerase II *in vitro* transcription system from *Nicotiana tabacum*. Plant Mol Biol, 38: 1247-1252, 1998.

[練習問題]

下記の語句を説明しなさい。
(1) プロモーター
(2) RBS
(3) 翻訳開始部位
(4) ORF
(5) タンパク質ドメイン
(6) 翻訳終結部位
(7) 転写終結部位
(8) TATA ボックス
(9) シグナルペプチド
(10) ポリ A 付加シグナル

[解　答]

(1)転写開始点を指定するコアプロモーターと転写調節領域とを合わせたDNA上の領域です。

(2)Ribosome Binding Siteと呼ばれる配列で，リボソームの16s RNAと相互作用してmRNAの翻訳効率を調節する領域です。mRNAからポリペプチドへの効率のよい翻訳に必要な領域です。

(3)転写開始点の数塩基〜数十塩基下流にあり，配列はATGです。このATG配列がmRNAに写し取られたときAUGとなり，ポリペプチド鎖合成の最初のアミノ酸であるメチオニンを指定します。

(4)Open Reading Flameといい，タンパク質コード領域のことです。第1番目のコドンであるAUGから始まって，アミノ酸が対応していない終止コドンが出現するまでの領域を指します。

(5)ポリペプチドの一次元的配列によって決定されているタンパク質の構造において，そのなかに含まれる独立性の高い，機能を発揮しうる，まとまった領域のひとつひとつを指します。

(6)タンパク質コード領域の直後に位置し，メチオニンをコードするAUGから始まって，その読み枠に従って3塩基ずつ区切った場合，アミノ酸が対応していないコドンのある部位です。

(7)RNA合成酵素によるRNA合成の速度が低下し，DNAから解離する部位です。

(8)真核生物の遺伝子において転写開始部位より25塩基上流に位置するTAの繰り返し配列で，TBPの結合する部位です。

(9)ポリペプチド配列のなかにあって，そのポリペプチドが輸送されるべき標的器官を指定する目印となる配列です。

(10)3′-非翻訳領域のなかにあるmRNA上の配列で，この配列の下流が切断され，切断によって出現したmRNAの3′末端にアデノシン-1-リン酸が数十〜数百塩基連結されます。

第3章 遺伝子部品をつないで遺伝子を組立てる

3.1 遺伝子を組立てる

3.1.1 遺伝子部品の形

第1章の1.1節で解説しましたように,遺伝子構築の際に使われてきた従来の遺伝子断片は,通常,特定のプラスミドベクター[*1]にクローン化された遺伝子の部分配列として存在し,遺伝子ごとにリクエストして入手することができます。このような遺伝子を機能領域ごとに断片化し,共通の前後配列を取りつけて,統一規格に整形することにより,首尾一貫した方法で連結することのできる規格化された遺伝子部品となります。そして多くの研究者に繰り返し使用されることにより高品質の遺伝子部品として淘汰され,質の高い遺伝子部品に進化することになります。このような高品質の遺伝子部品が数多く蓄積され,機能ごとにグループ分けされて整頓されると,**遺伝子部品カタログ**[*2]が構築されることになります。遺伝子部品の統一規格を作るための前後配列は,何人かの合成生物学者からいくつかの提案がなされています。それらのうちいくつかのものは,すでにライブラリー化されています。

遺伝子部品の形を理解していただくにあたり,ここでは例として,iGEMにおいてすでに使用されている「BioBrick foundationが構築したBioBricksの統一規格」の問題点を多少改良し,私が「こうあるべき」と考える遺伝子部品の新規格(以下GenPartsと呼びます)を例として解説します。図3.1の四角い箱で示される部分はさまざまな遺伝子部品のなかで一定の機能を担う遺伝子部分のコア(GenPart core)配列です。その両側にはすべての

第 3 章 遺伝子部品をつないで遺伝子を組立てる　35

プレフィックス配列　　　　　　　　　　　　サフィックス配列

GAATTC	GGCCGGCC	TCTAGA	GenPart	ACTAGT	GCGGCCGC	CTGCAG
CTTAAG	CCGGCCGG	AGATCT	コア配列	TGATCA	CGCCGGCG	GACGTC
*Eco*RI	*Fse*I	*Xba*I		*Spe*I	*Not*I	*Pst*I

図 3.1 整形された GenPart の 1 ユニットの形。GenPart の上流には共通上流配列(プレフィックス配列)，下流には共通下流配列(サフィックス配列)があります。

GenParts に共通の制限酵素切断部位の配列(GenParts 用プレフィックス配列[*3] とサフィックス配列[*4])が書かれています。

3.1.2　ふたつの GenParts の連結

このように整形された GenPart-A を *Spe*I で切断して生じた DNA 断片と，GenPart-B を *Xba*I で切断して生じた DNA 断片の構造を図 3.2 に示します。

図 3.2 で示した制限酵素切断後の 2 つの遺伝子部品を DNA リガーゼという酵素で連結すると，図 3.3 のような融合遺伝子を作ることができます。

この連結によって GenPart-A の左のプレフィックス配列と，GenPart-B の右のサフィックス配列は変化しませんから，これにより新たな 1 ユニットの遺伝子部品が生まれたことになります。また，連結によって生じた両 GenParts の間には *Spe*I でも *Xba*I でも切断できない *Spe*I/*Xba*I という新たな連結後介在配列(Scar；傷跡を意味します)を生じます。さらに各ユニットの間に新たに挿入される連結後介在配列は 6 塩基対(3 の倍数)であるので，この領域がタンパク質コード領域内であっても**フレームシフト**[*5]を起こさず，そのフレーム[*6]内の塩基配列が終止コドン[*7]とな

```
                            CTAGA  GenPart     ACTAGT GCGGCCGC CTGCAG
                            T      コア配列-B  TGATCA CGCCGGCG GACGTC
                                               SpeI   NotI     PstI

GAATTC GGCCGGCC TCTAGA  GenPart     A
CTTAAG CCGGCCGG AGATCT  コア配列-A  TGATC
EcoRI  FseI     XbaI
```

図 3.2 制限酵素で切断された遺伝子部品 (GenPart-A と GenPart-B)

連結後に残る介在配列 (Scar)

プレフィックス配列

```
                                                                    サフィックス配列

GAATTC GGCCGGCC TCTAGA  GenPart     ACTAGA  GenPart     ACTAGT GCGGCCGC CTGCAG
CTTAAG CCGGCCGG AGATCT  コア配列-A  TGATCT  コア配列-B  TGATCA CGCCGGCG GACGTC
EcoRI  FseI     XbaI    SpeI/XbaI              SpeI   NotI     PstI
```

図 3.3 遺伝子部品が2ユニット連結されたもの。GenPart-A と GenPart-B の連結後に生じた介在配列は SpeI でも XbaI でも切断できない連結後介在配列 (Scar) となります。

るDNA配列(TAA, TAG, TGA)でもないことから，ここで翻訳終結が起こることもありません。このようなふたつの遺伝子部品を連結するという作業を，並行して3回繰り返すことにより，図3.4のように8ユニットの遺伝子部品を意図した順番で連結することができます。

このようにして構築された遺伝子をDNA断片として切り出して利用する場合，両末端に存在する6塩基認識の制限酵素 *Eco*RI, *Xba*I, *Spe*I, *Pst*I などが単一部位切断酵素として利用できます。各遺伝子部品の一番外側に位置する *Eco*RI, *Pst*I などの制限酵素切断部位は主にプラスミドベクターとの連結に便利です。また各遺伝子部品の内側に位置する *Xba*I, *Spe*I などの制限酵素切断部位は主に遺伝子部品どうしの連結に便利です。*Fse*I, *Not*I のような8塩基認識の制限酵素切断部位(認識部位は理論上，ランダムなDNA配列65,536塩基対に1か所という確率でしか存

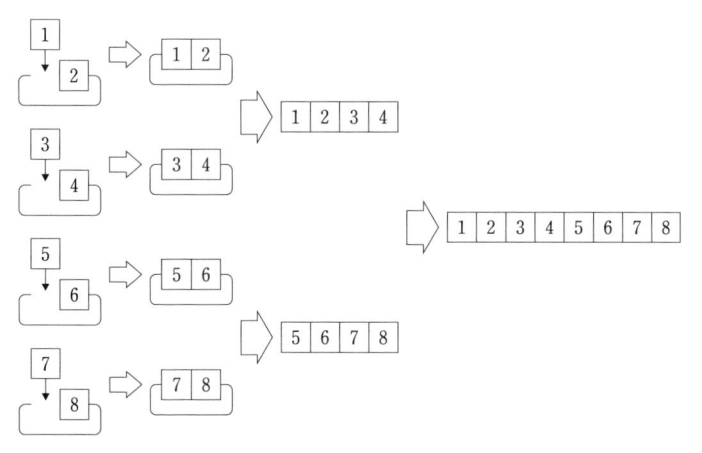

図3.4 8ユニットの遺伝子部品を効率よく意図したとおりに連結させる方法

在しません)は主に遺伝子部品どうしの連結後にできあがった比較的長い遺伝子や生物デバイスなどをひとつのユニットとしてほかの長い遺伝子や生物デバイスなどと連結するのに便利です。こうした理由でプレフィックス配列やサフィックス配列は，制限酵素切断部位を3段構えで含んでいるのです。

このような遺伝子部品を制作するにあたり注意しなければならないことが，ふたつあります。第一に両末端に存在する制限酵素 (*Eco*RI, *Xba*I, *Spe*I, *Pst*I, *Fse*I, *Not*I) の切断部位 (GAATTC, TCTAGA, ACTAGT, CTGCAG, GGCCGGCC, GCGGCCGC) が内部のコア配列にあってはならないということです。これら制限酵素の切断部位が内部の配列にある場合は，塩基置換などにより取り除く必要があります。第二に，これらの遺伝子部品を供給する場合，大腸菌内で遺伝子断片を増幅しやすいように，コピー数が多く (100 コピー/細胞以上)，薬剤による選抜のしやすい (アンピシリン耐性(100 ug/ml)，クロラムフェニコール耐性(35 ug/ml)，カナマイシン耐性(50 ug/ml)，テトラサイクリン耐性(15 ug/ml)) 統一したプラスミドベクターに連結されている必要があります。

3.2 生物デバイス (BioDevices) とは

遺伝子機能の特性として重要なことは，生物のなかで起こっているさまざまな現象をお互いに関連づけているということです。「風が吹くと桶屋が儲かる」という小話の1節を聞いたことがあるでしょうか？

落語では「風が吹くと砂埃が出て盲人がふえ，昔の盲人は三味線をひく仕事をしている人が多かったので，三味線が売れるよう

になり，三味線に張る猫の皮が必要となって猫が減り，そのため猫の餌である鼠がふえて桶をかじるので，桶屋が繁盛する。」ということのようです。諸説あるようですが，要は「ある事柄が，回り回って思わぬ結果を生じさせたりする」という意味です。生物のなかではこのような「風が吹くと桶屋が儲かる」ようなストーリーが，あらゆるところで展開しているのです。

例えば「お母さん牛が前日に食べた稲藁が体内で消化されて，翌朝には子牛が飲むミルクに変化」しています。これらはすべてお母さん牛の体内に備わっているさまざまな遺伝子産物の機能による関連づけによって可能となっているのです。このような関連づけを行う遺伝子機能の連鎖を担うひとまとまりのものを生物デバイスと呼んでいます。

3.3　デザインに基づいて遺伝子を構築する

規格化された遺伝子部品を加工して，プラスミドベクターと連結して生物デバイスを構築するまでの過程において，3種類の酵素(耐熱性DNA合成酵素[*8]・制限酵素・DNAリガーゼ)を用います。これらの個々の性質を理解しておくことは，遺伝子デザインにおいて，必須のことですので以下に解説します。

3.3.1　遺伝子部品を含むDNA断片の増幅に利用するPCRとは

PCRとはpolymerase chain reactionの略で，日本語ではポリメラーゼ連鎖反応といい，DNAを増幅するための反応です。原理を以下に説明します。

二本鎖DNAは，水溶液中で高温になると，変性して一本鎖

DNA に分かれます。変性が起こる温度は，DNA の塩基組成および長さ(塩基数)によって異なり，長い DNA ほど変性には高い温度が必要になります。一本鎖となった DNA の溶液をゆっくり冷却していくと，相補的な領域どうしで DNA が互いに解合し，再び二本鎖となります。このとき短い相補的 DNA 断片(DNA プライマー)を大量に共存させておくと，一本鎖となった長い DNA 鋳型に一定の割合で解合し，一本鎖 DNA 鋳型と DNA プライマーとが複合体を形成します。

PCR 法では，耐熱性 DNA 合成酵素(DNA ポリメラーゼ)を上述の DNA 鋳型／DNA プライマー複合体に作用させ，結合した DNA プライマーの 3'OH 末端を起点として長い一本鎖 DNA 鋳型と相補的な DNA を合成します。DNA が合成された後，再び高温にして DNA 変性・解合・DNA 合成を 1 サイクルとし，これを何回も繰り返します。このとき，DNA プライマーが一定の距離を隔てて向い合わせになるように 2 種類存在していれば，1 対の DNA プライマーに挟まれた DNA 領域だけを指数関数的に増幅することができます。

3.3.2 遺伝子部品の加工に用いる制限酵素とは

制限酵素は二本鎖 DNA の特定の塩基配列を認識し，その部分を切断する働きを持つ，DNA 組換え技術に必須の酵素です。制限酵素が認識する配列は酵素の種類によって異なっており，切断する部位の違う多数の制限酵素が知られています。制限酵素が切断する DNA の塩基配列は回文配列(「しんぶんし」のように逆から読んでも同じ文字列)になっていることが多く，この種の酵素が遺伝子組換えに利用されています。もともとは，細菌がバクテリオ

```
5′—GAATTC—3′              5′—G        AATTC—3′
3′—CTTAAG—5′              3′—CTTAA        G—5′
```

図 3.5 *Eco*RI によって切断された制限酵素認識部位の構造

ファージの侵入を防ぐために持っている酵素で，この名称は，「バクテリオファージ感染によってもたらされたファージ由来DNAを断片化することによって，その活動を制限する働きを持つ」ことから名づけられました。

制限酵素のなかでも最も頻繁に使用される大腸菌由来の酵素 *Eco*RI であれば 5′-GAATTC-3′ の塩基配列を認識し，図 3.5 に示すように G-A 間を切断します。これにより，この酵素による切断後にはつねに 5′-AATT-3′ の切断面が露出することになります。このため，共通の制限酵素で切断すれば，その DNA の末端は相補的な塩基配列を持つことになり，次に解説する DNA リガーゼによって接着が可能となります。

3.3.3 遺伝子部品とベクターとの連結に用いる DNA リガーゼとは

DNA リガーゼは，隣接した DNA 鎖のリン酸化された 5′-末端と水酸基だけでリン酸化されていない 3′-末端をホスホジエステル結合で連結する酵素です。補酵素として ATP を要求し，反応の中間体として酵素／ATP 複合体が作られ，これが DNA に作用します。

この酵素は突出末端どうし(図 3.6)でも，平滑末端(切断面に 5′や 3′末端の突出がないもの)どうしでも連結することができます。また，DNA と RNA，RNA どうしもわずかに連結できます。

```
5'—G        AATTC—3'              5'—GAATTC—3'
3'—CTTAA        G—5'    ⟶         3'—CTTAAG—5'
```

図 3.6 *Eco*RI 切断によって生じた突出末端どうしが DNA リガーゼの作用で結合する様子

[語句の説明]

*1 **プラスミドベクター**
「遺伝子断片の運び屋」の役割を果たす環状 DNA のことです。

*2 **遺伝子部品カタログ**
収集された遺伝子部品を，機能別にグループ分けして，それらの ID 番号・名前・部品の用途・提供者名・全体構成・正確な DNA 配列などを整理してまとめたものです。URL は，http://partsregistry.org/Main_Page です。

*3 **プレフィックス配列**
全遺伝子部品コア配列の共通上流配列のことです。

*4 **サフィックス配列**
全遺伝子部品コア配列の共通下流配列のことです。

*5 **フレームシフト**
メッセンジャー RNA 上の塩基の挿入や欠失により生じた，正しい読み枠からの逸脱のことです。

*6 **フレーム**
ポリペプチド鎖の最初のメチオニンを指定するメッセンジャー RNA 上のコドン(AUG)から始まって，読み飛ばしなく，3 塩基ずつ区切って行った場合にできあがる翻訳のための正しい読み枠のことです。

*7 **終止コドン**
アミノアシル化されたトランスファー RNA を指定しない 3 種類のコドンで，UAA，UAG，UGA がこれに相当します。

*8 **耐熱性 DNA 合成酵素**
好熱細菌や海底熱水噴出口などに生息するアーキアなどの生物由来で，高温での DNA 合成に適した DNA 合成酵素です。

[制限酵素による切断形式]

*Eco*RI ：G ↓ AATTC
*Xba*I ：T ↓ CTAGA
*Spe*I ： A ↓ CTAGT
*Pst*I ： CTGCA ↓ G

*Fse*I ： GGCCGG ↓ CC
*Not*I ： GC ↓ GGCCGC

[練習問題]
下記の語句を説明しなさい。
(1)遺伝子部品
(2)生物デバイス
(3)PCR
(4)制限酵素
(5)DNA リガーゼ

[解　答]
(1)機能を持った遺伝子領域ごとに細断し，統一した規格に整形した DNA 断片のことです。
(2)BioDevices といい，ひとつあるいはそれ以上の遺伝子産物の協調により，ある程度まとまった役割を果たすことのできる生物装置のことです。
(3)Polymerase Chain Reaction(ポリメラーゼ連鎖反応)といい，耐熱性 DNA ポリメラーゼの酵素反応を利用して DNA のある一定部分だけを選択的に増幅させることができます。
(4)Restriction Enzymes といい，二本鎖 DNA の特定の塩基配列を認識し，その部分を切断する働きを持つ DNA 組換え技術に必須の酵素です。制限酵素が認識する配列は酵素の種類によって異なります。
(5)DNA Ligase といい，隣接した DNA 鎖の 5′-P 末端と 3′-OH 末端をホスホジエステル結合で連結する酵素です。

第4章 生物デバイスと生物デバイスドライバー

4.1 生物デバイスドライバーとは

4.1.1 生物デバイス情報の発現には遺伝子系(生物デバイスドライバー)が必要

ここまでに，生物デバイスなどというコンピュータで使用するような言葉が出てきました。コンピュータの世界でデバイスというとパソコン本体につながっているモニター・キーボード・プリンタ・通信機器などを思い浮かべます。これらのデバイスはパソコンによって認識され正しく役割を果たすためには，パソコン本体に予めデバイスドライバーと呼ばれるソフトウェアをインストールしておく必要があります。広く普及しているデバイスの場合にはパソコンのOS(オペレーティングシステム)に予めドライバーがインストールされていますし，そうでない場合でも，デバイスをつないだことをパソコンが認識すると，自動的にインターネットを通じて専用のデバイスドライバーをインストールしてくれたりします。つまり，デバイスを開発するメーカーは，予めパソコンのOSの構造を理解し，それとデバイスが正しくコミュニケーションできるようにプログラムを書き，デバイスとセットでデバイスドライバーを提供し，デバイスが正しく機能するように仕組みを作っておくわけです(図4.1)。

さて，それでは生物デバイス情報(遺伝子情報)を正常に機能させるのに必要な生物デバイスドライバーとは，いったい何に相当するのでしょう？　それは，生物デバイス情報を読み取り，その細胞のなかで機能させてくれる転写装置・翻訳装置，すなわち遺伝子系なのです。したがって，細胞のなかで生物デバイスを正し

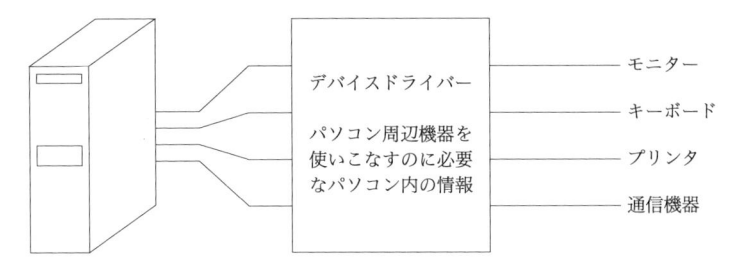

図 4.1 パソコン周辺機器(デバイス)とデバイスドライバー

く機能させるためには,その細胞に備わっている遺伝子系の性質を事前によく理解し,どのように生物デバイス情報を設計すれば,その細胞のなかで生物デバイスが作成者の意図したとおりに機能するかを,まず知っておく必要があります。つまり,生物デバイス情報の設計は細胞種固有の生物デバイスドライバーありきなのです。ここが,生物デバイス情報設計と,パソコンのデバイス設

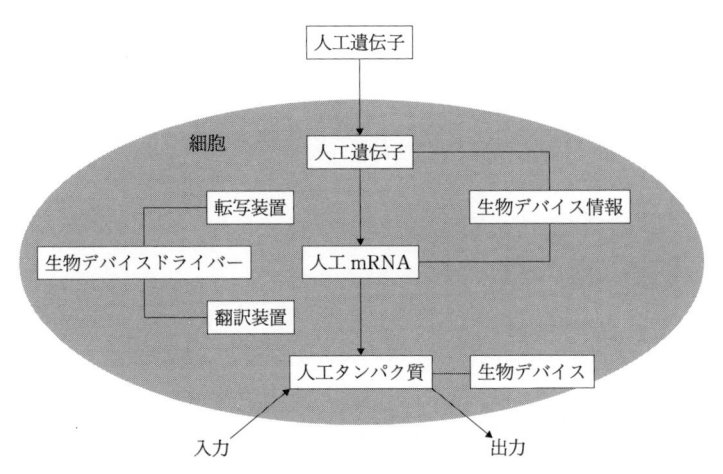

図 4.2 生物デバイスと生物デバイスドライバーとの関係

計との大きな違いなのです(図4.2)。

4.1.2　生物デバイスドライバーと最小ゲノム(minimum genome)

　生物のなかで最も単純な仕組みでできている細菌が,自己を複製するのに最低限必要な遺伝子の総体のことを最小ゲノム(minimum genome)といいます。最小ゲノムに含まれる遺伝子としては,生物デバイスドライバーを構成する転写装置や翻訳装置をコードする遺伝子群のみならず,それらが合成する遺伝子やタンパク質の原料となる核酸やアミノ酸を合成する酵素群をコードする遺伝子群,遺伝子自体を複製する装置をコードする遺伝子群,さまざまな代謝系を支えるエネルギー生産系の装置をコードする遺伝子群,代謝物の吸収・排出をする装置をコードする遺伝子群など,多様な遺伝子群が含まれます。

　「序章」のところで参考資料として載せたヴェンター博士の研究グループが全合成した人工マイコプラズマゲノムのみを遺伝情報源として持つ人工マイコプラズマが細菌として分裂増殖したことから,彼らが合成した人工ゲノムに含まれる400個程度の遺伝子があれば最小ゲノムを構成できることが立証されました。原核生物であるマイコプラズマに比べ真核生物のゲノム情報は数倍ありますので,最小ゲノムに必要な情報としては1,000個程度の遺伝子を必要とするかもしれません。

4.1.3　個々の生物デバイスの設計からゲノム合成に至る道筋

　上述の最小ゲノムを構成している転写装置や翻訳装置(生物デバイスドライバー)をコードする遺伝子群もそれ自体が複数の生物デバイスによって構成されています。そのほかのあらゆる機能をつ

かさどる遺伝子群そのものが生物デバイスであったり，複数の生物デバイスによって構成されていたりします．したがって，生物としての特性を満たすものの合成には，まず，個々の生物デバイスの構築という段階があり，構築された生物デバイスが保有している機能どうしの関連づけがなされて生命システムが構築され，それらを統合することによって生物を合成することができるのです．

4.2 天然および人工の生物デバイスドライバー

4.2.1 地球型生物の生物デバイスドライバー

　地球型の全生物の生物デバイスドライバーに共通する特徴は，遺伝子(DNA)が4種類のヌクレオチド塩基(アデニン・シトシン・グアニン・チミン)によってコードされ，RNA合成酵素による転写反応よってmRNAに写し取られ，リボソームに運ばれた後，mRNAの情報に基づいて翻訳反応によってポリペプチドに置換えられるという点です．その際，mRNA上の最も5′側に位置するメチオニンをコードするコドン(AUG)から始まって正確に3塩基ずつ区切って行ったときにできる各3つ組コドンに対応するアミノ酸が順に連結していきます．4種類のヌクレオチド塩基が3か所に独立に整列しうるので3つ組コドンの種類は4の3乗通り(64通り)ありますが，それらのうちUAA，UGA，UAGの3種類はアミノ酸には対応しておらず，その位置で翻訳が終結することから終止コドンとなっているので，残りの61通りがアミノ酸に置換えられるコドンということになります．

　翻訳産物であるポリペプチドに含まれるアミノ酸は20種類し

かありませんから61種類の3つ組コドンは重複して20種類のアミノ酸に対応しています。61種類の3つ組コドンと20種類のアミノ酸を結びつけているのが，約30〜50種類のtRNAです。原核生物の場合は，転写されたままの配列のmRNAのタンパク質コード領域がそのまま翻訳されますが，真核生物の多くでは，翻訳された直後の前mRNAからはスプライシングという過程によって，タンパク質に翻訳されるエキソンと呼ばれる領域に挟まれた，翻訳されない複数のイントロンという領域が取り除かれます。

このように地球上で進化し現存する生物といえども，それらの生物デバイスドライバー間にはある程度の多様性があり，そのような違いによっても，細菌・植物・動物などは，お互いに混じり合うことなく隔てられています。そして，それらがきちんと隔てられているが故に，同じ時空間に存在しても，混じり合うことなく独自の進化を遂げることができたのです。

4.2.2 人工生物の生物デバイスドライバー

人工生物を作るにあたって，このような生物デバイスドライバーを一からデザインして，正常に機能する遺伝子系を構築することができるかというと，現在の人類にはまだできていません。生物デバイスドライバーは生物デバイスのなかでも最も緻密で巨大なシステムですので，これをデザインするには，あと，数十年の年月を必要とすることでしょう。したがって，現在の科学者たちが人工ゲノムをデザインするといっても，基本的には既存の生物の生物デバイスドライバーをそのまま利用して，その細胞内環境下で機能するようにいくつかの人工遺伝子をデザインして遺伝

第 4 章 生物デバイスと生物デバイスドライバー　51

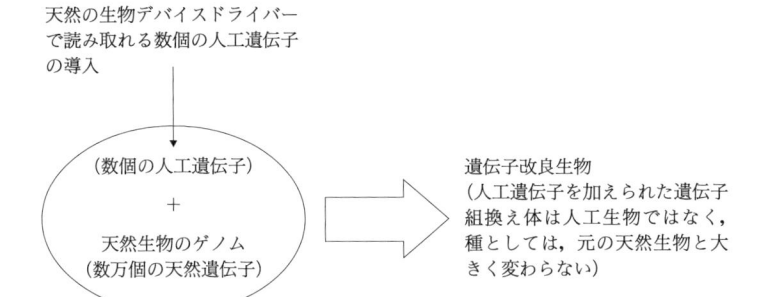

天然の生物デバイスドライバー
で読み取れる数個の人工遺伝子
の導入

（数個の人工遺伝子）
＋
天然生物のゲノム
（数万個の天然遺伝子）

⇒

遺伝子改良生物
（人工遺伝子を加えられた遺伝子組換え体は人工生物ではなく，種としては，元の天然生物と大きく変わらない）

図 4.3 遺伝子改良生物と天然生物。両者は非常によく似た近縁種となるので，激しい競争に曝される。

子改良生物を作るところから始めざるをえません（図 4.3）。

すなわち現在使われている生物デバイスは，ある程度の範囲の既存生物に導入されることによって，細胞内で機能しうるものとなる必然性を有しています。ですから，この段階での遺伝子デザインにおいては，人工遺伝子がほかの地球型生物のゲノムに，意図せず侵入し意図せず機能してしまう可能性はゼロではありません。そうしたことを避けるための法的整備はすでになされており，それらの基準に則って研究を遂行することは，多様な地球型生物

［天然生物］
天然の生物デバイスドライバーで読み取られる天然ゲノム情報を持つ生物

［遺伝子改良生物］
天然生物のゲノム
＋
数個の人工遺伝子

［人工生物］
人工の生物デバイスドライバーで読み取られる人工ゲノム情報を持つ生物

図 4.4 人工生物と天然生物。両者に含まれる各ゲノム情報が混じり合うことはなく，競争も起こらず，まったく別の種としてそれぞれ進化します。

の健全な繁栄のために，研究者が守るべき必要欠くべからざるマナーです。

4.2.3 人工生物との共存

将来人類が，「人工生物の生物デバイスドライバーは地球型生物の遺伝情報を攪乱しないために，地球型生物のそれとは異なる固有の生物デバイスドライバーを持つべきだ」と考えたなら，そのようにすることは，いずれ可能となるでしょう。そのようにすれば人工生物は，天然の地球型生物とは遺伝的に完全に隔離されますし，独自の進化を遂げるための礎ができることになります（図4.4）。

[練習問題]
　地球型の生物デバイスドライバーについて，下記の説明文の　　内に適切な語句や数字を入れて，文章を完成させなさい。
　地球型の全生物の生物デバイスドライバーに共通する特徴は，遺伝子（DNA）が4種類の　(1)　（アデニン・シトシン・グアニン・チミン）によってコードされ，RNA合成酵素による転写反応よってmRNAに写し取られ，リボソームに運ばれた後，mRNAの情報に基づいて翻訳反応によってポリペプチドに置換えられるというという点です。その際，mRNA上の最も5′側に位置するメチオニンをコードするコドン（AUG）から始まって正確に3塩基ずつ区切って行ったときにできる各3つ組　(2)　に対応するアミノ酸が順に連結していきます。4種類のヌクレオチド塩基が3か所に独立に整列しうるので3つ組コドンの種類は4の3乗通り（　(3)　通り）ありますが，それらの内UAA，UGA，UAGの3種類にはアミノ酸には対応しておらず，その位置で翻訳が終結することから　(4)　となっているので，残りの61通りがアミノ酸に置換えられるコドンということになります。翻訳産物であるポリペプチドに含まれるアミノ酸は　(5)　種類しかありませんから61種類の3つ組コドンは重複して20種類のアミノ酸に対応しています。61種類の3つ組コドンと20種類のアミノ酸を結びつけているのが，約30〜50種類の　(6)　です。原核生物の場合は，転写されたままの配列のmRNAのタンパク質コード領域がそのまま翻訳されますが，真核生物の多くでは，翻訳された直後の前mRNAからはスプライシングという過程によって，タンパク質

に翻訳される (7) と呼ばれる領域に挟まれた，翻訳されない複数の (8) という領域が取り除かれます。このように地球上で進化し現存する生物といえども，それらの生物デバイスドライバー間にはある程度の多様性があり，そのような違いによっても，細菌・植物・動物などは，お互いに混じり合うことなく隔てられています。

[解　答]
(1)ヌクレオチド塩基
(2)コドン
(3)64
(4)終止コドン
(5)20
(6)トランスファー RNA
(7)エキソン
(8)イントロン

第5章　生物デバイス

5.1 生物と生物デバイス

生物デバイス(BioDevices)とは，生物を表す接頭語である"Bio"と装置を表す"Device"とを組み合わせた造語です。日本語では生物装置といってもよいです。本書では合成生物学の分野で普及しつつある"BioDevices"に比較的近い生物デバイスという言葉を使うことにします。

さて，ここからは，本書の目的である「生物デバイスのデザイン」のために，生物と生物デバイスとの関係について解説します。まず，「そもそも生物(organism)とは何か？」について考えます。生物とは何かと質問されれば，みなさんは即座に「生物としての生存に必要な最小限度の3つの要素」を挙げることでしょう。具体的には「①外界から隔絶された環境を持ち，②自己複製して，③何らかの代謝を行うシステムである。」と答えることでしょう。これら「生物としての生存に必要な最小限度の3要素」は情報としてゲノムにすべて格納されていることは今さらいうまでもありません。ゲノム情報は幾多の生物デバイス情報が直鎖状に連結されて作られているものですから「幾多の生物デバイス情報の総和が具現化したものが生物である」と表現することができます。すなわち「生物は生物デバイス情報のみを情報源としてたし合わせていけば作製可能なシステムである」ということになります。

5.2 生物と最小ゲノム

近年，「生物としての生存に必要な最小限度の要素を格納する

ゲノム情報」のことを「最小ゲノム(minimum genome)」といういい方をするようになりました。「最小ゲノム」の定義に迫る重要な研究例として,「序章」において紹介したヴェンター博士の研究を,さらに詳しく説明します。彼らは「最小ゲノム」を定義するにあたり,当時知られている範囲で最もゲノムサイズの小さな生物として,マイコプラズマ(*Mycoplasma genitalium*)という細菌を実験材料に選びました。そのゲノムサイズはわずか58万塩基で,ヒトゲノムのサイズ(30億塩基)の0.2%,大腸菌ゲノムのサイズ(460万塩基)の13%しかないものです。この微生物のゲノムにトランスポゾン(transposon)という遺伝子断片をランダムに挿入することで遺伝子を部分的に破壊し,生き残ったマイコプラズマのゲノムを解析することにより,「失っても生存に影響を与えない遺伝子」を次々とリストアップし,もともと490個含まれているタンパク質をコードする遺伝子の内,382個の遺伝子が生存に必要不可欠な「最小ゲノム」であるという結論に達しました(Essential genes of a minimal bacterium, PNAS, 103(2): 425-430, 2006)

「最小ゲノム」は「生物としての生存に必要な最小限度の要素を格納するゲノム情報」であると同時に,これらを一般の生物デバイス情報と区別して「生物デバイス情報のコア部分」ととらえることができます。「最小ゲノム」を構成する「コア生物デバイス情報」を,「生物としての生存に必要な最小限度の要素」ごとに分類すると,大きく5つのカテゴリーに分けることができます。

5.3 最小ゲノムを構成する5つのコア生物デバイス群情報

それらは以下の5つです。①生物デバイスドライバー，②生存に必要な最低限度の分子を生合成する生物デバイス群，③エネルギー分子を生合成する生物デバイス群，④自己複製のための生物デバイス群，⑤必要最小限度の環境応答のための生物デバイス群。図5.1にまとめましたので参考にしてください。

5.3.1 生物デバイスドライバー

本書の第4章で生物デバイスドライバーとは「生物デバイスを細胞のなかで機能させることにかかわっている転写・翻訳を支える遺伝子系」と解説しました。具体的には，①RNA合成酵素を中心とする転写装置を構成するタンパク質群，②転写量の調節にかかわる転写因子群，④リボゾームを中心とする翻訳装置を構成する生物デバイス群，④翻訳量の調節にかかわる翻訳因子群，⑤30〜50種類のトランスファーRNA群，⑥各トランスファーRNAに正しく20種類のアミノ酸を結合させるアミノアシルtRNA合成酵素群，⑦合成したタンパク質の立体構造形成を助ける分子シャペロン群，⑧合成されたRNA量を調節するRNA分解酵素群，⑨合成されたタンパク質量を調節するタンパク質分解酵素群などが生物デバイスドライバーを構成する生物デバイス群です。おそらく「最小ゲノム」のなかで最大のメンバーを含む生物デバイス群であろうと思われます。

郵便はがき

０６０-８７８８

料金受取人払郵便

札幌支店承認

1045

差出有効期間
H26年10月31日
まで

札幌市北区北九条西八丁目
北海道大学構内

北海道大学出版会 行

ご氏名 (ふりがな)		年齢 　　　歳	男・女
ご住所	〒		
ご職業	①会社員　②公務員　③教職員　④農林漁業 ⑤自営業　⑥自由業　⑦学生　⑧主婦　⑨無職 ⑩学校・団体・図書館施設　⑪その他（　　　　　）		
お買上書店名	市・町　　　　　　　　　書店		
ご購読 新聞・雑誌名			

書　名

本書についてのご感想・ご意見

今後の企画についてのご意見

ご購入の動機
1書店でみて　　　　2新刊案内をみて　　　　3友人知人の紹介
4書評を読んで　　　5新聞広告をみて　　　　6DMをみて
7ホームページをみて　　8その他（　　　　　　　　　　）
値段・装幀について
A　値　段(安　い　　　　普　通　　　高　　い)
B　装　幀(良　い　　　　普　通　　　良くない)

HPを開いております。ご利用下さい。http://www.hup.gr.jp

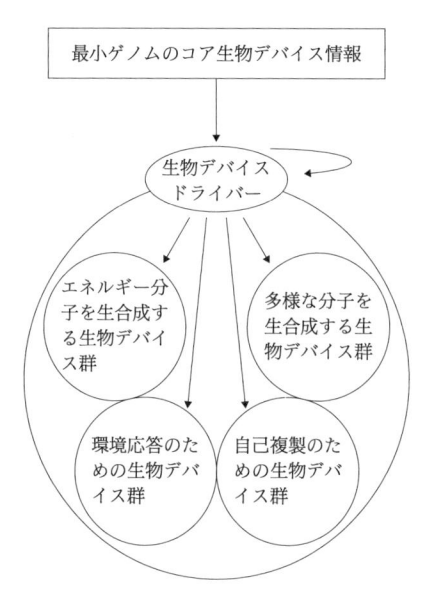

図 5.1 微生物の「最小ゲノム」を構成するコア生物デバイス群。すべての生物デバイス情報は、最小ゲノム中の生物デバイスドライバーによって読み取られて、生物デバイスとなる。また、生物デバイスドライバー自身も生物デバイスの一種です。

5.3.2 多様な分子を生合成する生物デバイス群

生物の体を構成する4大要素である核酸・アミノ酸・糖質・脂質の各成分を生合成するのにかかわる生物デバイス群です。具体的には、① ATP, CTP, GTP, UTP, dATP, dCTP, dGTP, dTTP などの RNA や DNA の構築単位となる8種類の核酸のほかに、結合しているリン酸の数の異なる中間体を含む分子集団の生合成・分解にかかわる酵素群、②タンパク質の構築単位となっている20種類のアミノ酸の生合成・分解にかかわる酵素群、③

エネルギー生産の原料となる糖質の分解にかかわる酵素群，④細胞膜成分である数種類のリン脂質の生合成・分解にかかわる酵素群などが多様な分子を生合成する生物デバイス群です。

5.3.3　エネルギー分子を生合成する生物デバイス群

糖質の炭素―炭素結合に含まれる還元力を使って，エネルギー分子であるATPを生産するのに必要な生物デバイス群です。具体的には，①5.3.2節で述べた糖質の分解をさらに進めて，二酸化炭素にまで分解する過程で生じた還元力を用いて水素イオンを2枚の膜によってほかの空間から隔絶した狭い空間に蓄積するのに必要な酵素群，②蓄積された水素イオンの細胞質への流入に際して生じたATP合成酵素の立体構造変化をATP合成に結びつける機能を持った酵素群などがエネルギー分子を生合成する生物デバイス群です。

5.3.4　自己複製のための生物デバイス群

細胞の倍化に必要な遺伝子の複製と分配・細胞の分裂に必要な生物デバイス群です。具体的には，①DNAの複製の起点となるRNAプライマーを合成する酵素群，②DNA合成酵素を中心とする生物デバイス群，③DNA複製過程で生じたDNA上の立体構造的ゆがみを解消する酵素群，④DNA複製後の分配においてDNAどうしの絡まりあいを防ぐことにかかわる酵素群，⑤DNA複製に際して生じた塩基置換を修復する酵素群，⑥細胞分裂に際し均等に分裂するのに必要な生物デバイス群などが自己複製のための生物デバイス群です。

5.3.5 環境応答のための生物デバイス群

細胞の外環境の変化を感知して，対応することにより生存確率を高めるのに必要な生物デバイス群です。具体的には，①適温・高温・低温を感知して，細胞分裂を抑制したり抑制を解除するのに必要な生物デバイス群，②水分量や塩濃度を感知して，細胞分裂を抑制したり抑制を解除するのに必要な生物デバイス群，③栄養分の濃度を感知して，細胞分裂を抑制したり抑制を解除するのに必要な生物デバイス群，④細胞にとっての毒物濃度を感知して，毒物濃度の低い方に生育範囲を変化させるのに必要な生物デバイス群などが環境応答のための生物デバイス群です。

5.4 アクセサリー生物デバイス群

5.3節で解説した「最小ゲノムを構成する5つのコア生物デバイス群」は，最も単純な細菌の生存に必須の装置です。これに対し，ここで概説する「アクセサリー生物デバイス群」は，生存に必須なものではなく，それらがあることにより，ほかの生物と比べて生存に有利となるような付加的な装置です。例えば，環境が以前より過酷に変化しても，それらが，その生物の死を回避するのに役立つような装置であるという言い方もできます。結果としてその生物種の自然選択に有利に働き，進化の原動力ともなりうる装置です。これらは，生物の多様性を支えるのに十分なくらい実に多様で，無数存在するといってよいでしょう。それらのなかでも重要と思われるものを図5.2に示しました。例えば，①運動に必要な生物デバイス群，②生体防御をする生物デバイス群，③新資源を活用する生物デバイス群，④環境適応に必要な生物デバ

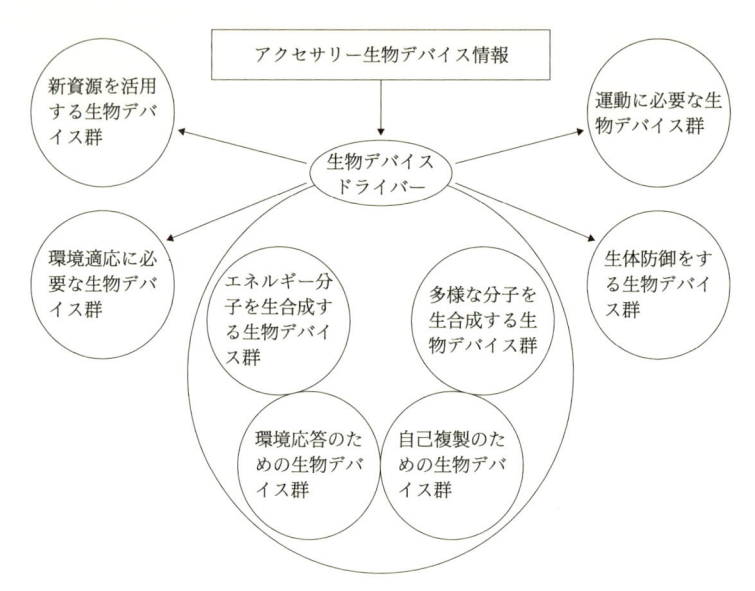

図 5.2 アクセサリー生物デバイス群の例。アクセサリー生物デバイス群も，コア生物デバイス群と同様，生物デバイスドライバーによって読み取られてできあがります。

イス群などがこれらに相当します。以下，これらアクセサリー生物デバイスについて，例を挙げて概説します。

5.4.1 細菌の運動に必要な生物デバイス群

細菌の運動にとって最も重要なのは鞭毛(flagella)と呼ばれる，回転するしっぽのような装置です。細菌の表面にはリング状の構造体があり，そのリングを貫いて筒状構造を持ったしっぽが生えており，このしっぽをATPの加水分解によって生じたエネルギーを原動力として回転させることにより，泳ぐための推進力を得ています。この装置を形成するのに必要な数十種類のタンパク

質群は，多くの場合遺伝子クラスターを形成しています。この装置は，細菌が食物に向かって泳いだり，毒物から遠ざかったりする化学走性という性質を支える上でも役割を果たしており，細菌の運動にとって重要な生物デバイスといえます。

5.4.2 細菌の生体防御をする生物デバイス群

細菌における生体防御の手段として最もよく知られているのが，制限酵素による外来遺伝子の切断です。多くの細菌はそれぞれが固有の制限酵素を保持しています。例えば大腸菌の場合，菌体内に遺伝子を注入して食べてしまおうとする細菌ウィルス（バクテリオファージ）などが感染したとします。注入された遺伝子の制限酵素切断部位が化学修飾を受けていたり保護されたりしていなければ，大腸菌の制限酵素はウィルスの遺伝子の制限酵素切断部位で切断し，感染を厳しく制限しています。制限酵素遺伝子は大腸菌にとって，生体防御をするためのアクセサリー生物デバイスなのです。

5.4.3 細菌の新資源を活用する生物デバイス群

大腸菌がエネルギー源として最も効率よく吸収・利用できる糖質はグルコースです。ほとんどの細菌はグルコースを分解し，いくつかの反応経路を経て生体エネルギー分子であるATPを生産します。さて，この細菌がもしグルコースのみしかエネルギー源として利用できないのに，周辺のグルコースを食べつくしたとしたらどうなるでしょう。死滅するしかありません。ところが大腸菌の場合は，グルコースがなくなってもラクトースがあれば，それを利用することを可能にするラクトースオペロンと呼ばれる第

二の糖質分解経路を生物デバイスとして持っているので，しばらく生き延びることができるのです。このような新資源を活用するアクセサリー生物デバイスがあれば，主たるエネルギー源が枯渇した場合でも，その細菌の生存確率を高めることができるのです。

5.4.4 微生物の環境適応に必要な生物デバイス群

微生物にとって栄養分・水分の枯渇は，その生存にとって深刻な障害です。こうした過酷な環境を乗り越えるために，ある種の微生物は，胞子という乾燥に強い殻にゲノムを包み込み，環境が回復した時点で発芽により生育を再開するという適応戦略を選択します。このような胞子形成に必要な遺伝子群は環境適応に必要なアクセサリー生物デバイスです。

温度の上昇も微生物にとっては深刻な障害です。温度の上昇はタンパク質の立体構造をゆがめる要因となり，場合によっては不可逆的な変性を引き起こし，機能不全となります。このようなタンパク質の立体構造変化を抑制したり，正しい立体構造形成を助ける役割を果たすのが分子シャペロンと呼ばれるタンパク質です。この種のタンパク質の多くは熱によって誘導されるように仕組まれており，熱ショックタンパク質群の一角をなしています。これも環境適応に必要なアクセサリー生物デバイスといえます。

この章の冒頭において「最小ゲノムを構成する5つのコア生物デバイス群」について解説し，最も単純な細菌においては，これを支える遺伝子の数は，400個程度であると書きました。大腸菌においては，ゲノム解析によって4,000個程度の遺伝子の存在が確認されていることから推し測ると，大腸菌の遺伝子のほとんど

が，このアクセサリー生物デバイス群を支える情報であることがわかります。真核生物であるヒトや植物の場合，2万個を超える遺伝子を有していることが知られています。ですから，地球の生物のなかには，さまざまなアクセサリー生物デバイスを支える無数の遺伝資源が存在することになります。「最小ゲノムを構成するコア生物デバイス情報」が，その生物の「生物としての要件」を満たすのに必要な情報と定義しました。そのように考えると，生物の遺伝情報は，「コアをなす生物デバイス情報」および，コアに付加される大量の「アクセサリー生物デバイス情報」から成り立っているとみることができます。その生物種の大量の「アクセサリー生物デバイス情報」がどのような要素で成り立っているかによって，その生物種の個性が決定され，生物の多様性もこれによって支えられているととらえることができます。

本書の目的である「多くの遺伝子デザイナーを育成する」ことになれば，彼らにより多くの遺伝子の作製を通じて何千何万という有用な「アクセサリー生物デバイス」が創られ，何千何万という有用な生物種の創出につながっていくことになるでしょう。

[練習問題]
(1)最小ゲノムを構成する5つの「コア生物デバイス群」を列挙しなさい。
(2)あなたが今までに学んだ「天然のアクセサリー生物デバイス群」を3つ記しなさい。

[解　答]
(1)①生物デバイスドライバー
　②生存に必要な最低限度の分子を生合成する生物デバイス群
　③エネルギー分子を生合成する生物デバイス群
　④自己複製のための生物デバイス群
　⑤必要最小限度の環境応答のための生物デバイス群

(2)下記に解答例を挙げますが,これら以外にも多数の生物デバイスが存在します。
　①運動に必要な生物デバイス群
　②生体防御をする生物デバイス群
　③新資源を活用する生物デバイス群
　④環境適応に必要な生物デバイス群
　⑤光を感知する生物デバイス群
　⑥細胞死を起こす生物デバイス群
　⑦情報伝達に必要な生物デバイス群
　⑧光合成に必要な生物デバイス群
　⑨生育密度を感知する生物デバイス群
　⑩細胞周期を変化させる生物デバイス群
　⑪生物時計を作るのに必要な生物デバイス群

第6章 植物で機能する生物デバイスの実例

6.1 植物でバイオセンサーを作る

例えば、あなたが「女性ホルモン活性を指標として環境ホルモンを探索できる植物バイオセンサーを作りたい」と願ったとします。その願いをイメージで表現すると、図6.1に示すような超高感度な植物バイオセンサーを思い描くことでしょう。生物デバイスをデザインするにあたっての最初の作業は、作りたいと願うデバイスのイメージを明確に持ち、そのイメージを他人にもわかるように表現することです。

6.2 植物に生物デバイスを導入してバイオセンサーを作る

しかし、通常、植物は女性ホルモンを認識したりはしませんし、認識したことを、青色を呈することによって教えてくれるなんてこともありません。このような、自然界においては決してあり得

エストロゲンに曝す前の植物　　　　　　　　エストロゲンに曝した植物

植物に導入された人工遺伝子の作用

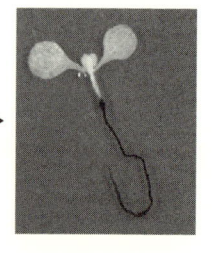

図 6.1 エストロゲンを高感度に検出できる植物バイオセンサーのイメージ

ない振舞を，植物に期待するなら，人工的な遺伝子(artificial genes)を導入して，植物を改造する以外に方法はありません。

例えば図 6.1 に示すように，植物にあらかじめ人工的な遺伝子を導入しておくことにより，もともと植物が持っている正常な振舞とは異なる，作成者によって意図された振舞をさせる必要があります。そこで，植物に導入するための人工遺伝子をデザインするわけですが，その前に，植物細胞のなかでどのような生物デバイスをどのように働かせるかを考えます。そのためには，具体的に生物デバイスがどのような分子メカニズムで働くかを決める必要があります。そのためのアプローチの仕方を次に紹介します。

6.3　植物に導入する生物デバイスのコンセプトデザイン

さて，それでは植物にどのような遺伝子を導入すれば前述のような振舞を期待できるのでしょう。女性ホルモンは脊椎動物の内分泌系のホルモンです。植物ゲノムのなかには女性ホルモンを認識できる受容体をコードする遺伝子は存在しません。ですから，女性ホルモン受容体遺伝子をヒトゲノムから取り出して利用します。

次に女性ホルモンがヒトの女性ホルモン受容体に結合したことを伝える，情報の仲立ちをする分子が必要です。そのために女性ホルモン受容体に結合する転写コアクチベーターの遺伝子もヒトゲノムから取り出して利用します。ヒトの女性ホルモン受容体と転写コアクチベーターとの結合を，結果として植物が青色を呈することにつなげるための遺伝子も作製します。

図 6.2 に示すような分子の振舞をイメージしながら人工植物バ

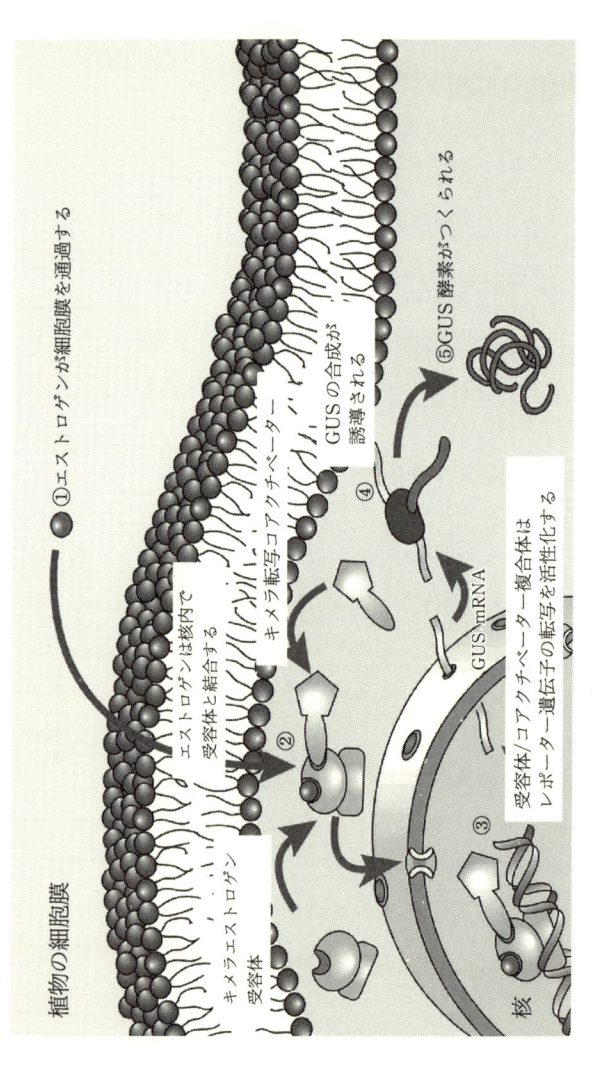

図 6.2 植物バイオセンサーのコンセプトデザイン

イオセンサーのコンセプトをデザインします。この段階こそが生物の改造において最も重要なところで，最も知恵を絞るべき興味がつきないところです。

6.4 生物デバイス情報の植物への導入

コンセプトのデザインが確定したら，導入する遺伝子をどのように配置し，どのように導入するかを決めます。選択したふたつのヒト由来のキメラ遺伝子は，それぞれエフェクター1遺伝子およびエフェクター2遺伝子と名づけ，植物が青くなることにつなげるための遺伝子をレポーター遺伝子と名づけました。これらを直列に連結し，アグロバクテリウムという，植物に感染する細菌を利用して植物に遺伝子を導入することにしました。そのためにアグロバクテリウムを経由して植物に遺伝子を届けることのできる遺伝子の運び屋(プラスミドベクター)を選択します。そして，これと3つのキメラ遺伝子を連結し，図6.3に示すように，いよいよ遺伝子を植物に導入します。

6.5 植物に導入する生物デバイス情報作りに必要な遺伝子部位

それでは，いよいよ人工遺伝子の詳細なデザインについて解説します。図6.4のエフェクター1遺伝子にコードされるタンパク質の主要部分はヒト女性ホルモン受容体の女性ホルモン結合部位(ERα LBD)です。この核内受容体が標的のDNA上のシスエレメントに強く結合した方がメリハリのある調節を可能にしてくれま

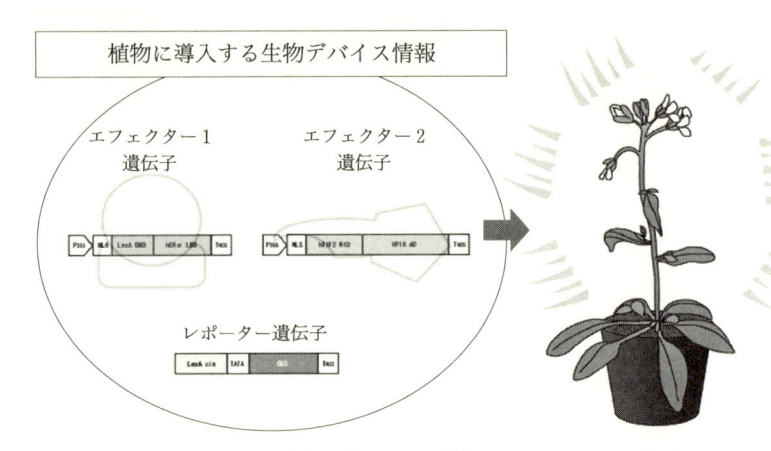

図 6.3 人工遺伝子導入による植物バイオセンサーの構築

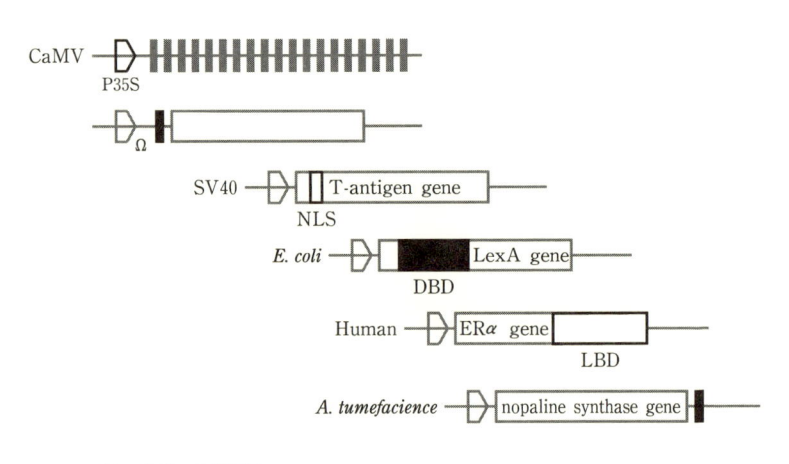

エフェクター1遺伝子

図 6.4 エフェクター1遺伝子を作るための6個の遺伝子部位

す。そのためには，女性ホルモン受容体がもともと持っているDNA結合ドメインよりも強力に標的DNA配列に結合してくれる大腸菌のリプレッサーLexAのDNA結合ドメイン(LexA DBD)を連結します。女性ホルモン受容体はヒト細胞内で細胞質にも存在していることが知られています。すべてのキメラタンパク質が植物細胞の核内に強制的に局在するように仕向けるために，SV40というウィルスのT抗原内に存在する核局在シグナル(SV40 NLS)を上記のキメラタンパク質に連結しました。

さて，これでエフェクター1のキメラタンパク質の遺伝子デザインは終了です。このタンパク質のmRNAが植物細胞の核内で効率よく合成(転写)されるためには，植物体全身での転写開始と転写終結を支える植物用プロモーター(P35S)および植物用ターミネーター(Tnos)の間にこのキメラタンパク質コード領域を挟み込まなければなりません。さらに細胞質で効率よく翻訳されるためには，転写産物であるmRNAの5′非翻訳領域に植物で機能する翻訳増幅シグナル(Ω)を挿入しておく必要があります。このようにエフェクター1遺伝子を作るのには6個の遺伝子部位が必要で，各部位を，制限酵素認識部位を介してDNAリガーゼという酵素を利用して連結させていきます。

次にエフェクター2の設計について説明します。

図6.5のエフェクター2遺伝子にコードされるタンパク質の主要部分は，ヒト転写コアクチベーターTIF2のなかの核内受容体に結合するドメイン(TIF2 NID)です。このタンパク質の転写活性化機能を増強するために，単純ヘルペスウィルスの転写活性化因子VP16に含まれる転写活性化ドメインを5コピー連結したキメラタンパク質を連結しました。このタンパク質が植物体全身で効

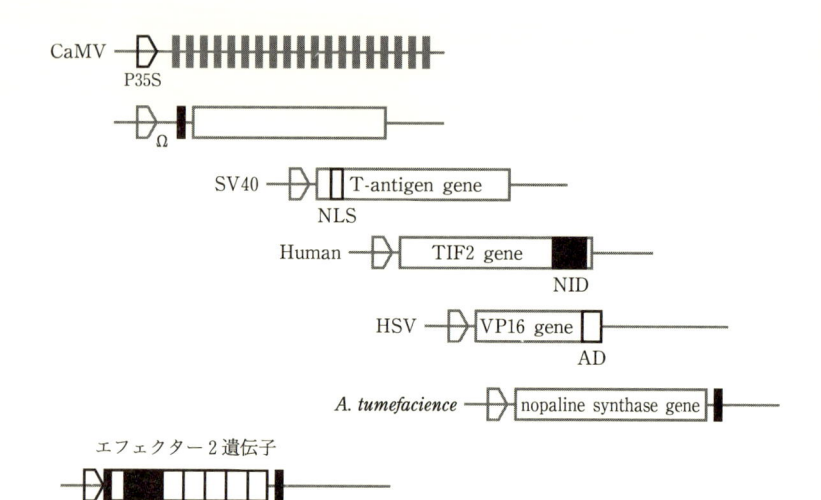

```
CaMV ─▷▯▮▮▮▮▮▮▮▮▮▮▮▮▮▮▮▮▮▮▮▮
      P35S

     ─▷▮▯────────────▯
      Ω

   SV40 ─▷▯─│T-antigen gene│▯
           NLS

  Human ─▷▯─│ TIF2 gene │▮▯
                        NID

    HSV ─▷▯─│VP16_gene│▯
                      AD

A. tumefacience ─▷▯─│nopaline synthase gene│▮

エフェクター2遺伝子
─▷▯▮▯───────▯▮▯
```

図 6.5 エフェクター2遺伝子を作るための6個の遺伝子部位

率よく発現するのを支えるために，エフェクター1における場合と同様に，植物用プロモーターと植物用ターミネーターの間にこのキメラタンパク質コード領域を挟み込みました。そしてさらにmRNAの5′非翻訳領域に翻訳増幅シグナルを挿入して，エフェクター2遺伝子を6個の遺伝子部位を用いて作製しました。

図6.6のレポーター遺伝子にコードされるタンパク質の主要部分は，大腸菌ゲノムにコードされているβ-グルクロニダーゼです。無色の特異的反応基質に作用して青色の物質(インディゴブルー)を生産します。このタンパク質が女性ホルモンへの暴露により特異的に植物体全身で効率よく発現するのを支えるために次のことを行います。①エフェクター1タンパク質が特異的に結合するのに必要なDNA上のシスエレメント(LexA cis)，②転写開

図 6.6　レポーター遺伝子構築のための 5 つの遺伝子部位

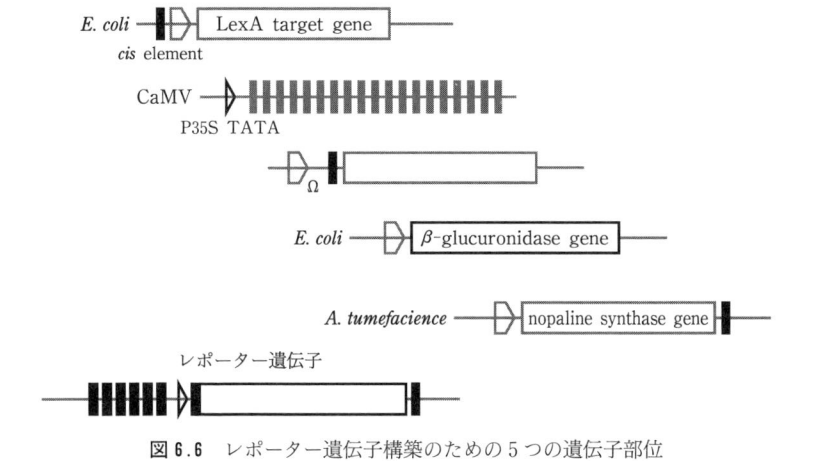

始位置の特定に最低限必要な植物用 TATA ボックス(P35S TATA)，および③植物用ターミネーターの間に，このキメラタンパク質コード領域を挟み込み，さらに④ mRNA の 5′非翻訳領域に翻訳増幅シグナルを挿入して，⑤レポーター遺伝子を 5 個の遺伝子部品を用いて作製しました。

6.6　ステロイドホルモンの存在を検知し，青く変化する植物バイオセンサー

これらのような人工的にデザインされた生物デバイスを植物に導入することによって，ステロイドホルモンの存在を検知して青く変化する植物バイオセンサーを作ることができます。

図 6.7 は，この植物バイオセンサーがエストロゲン活性を持つ物質を検出する分子メカニズムを表しています。導入した遺伝子

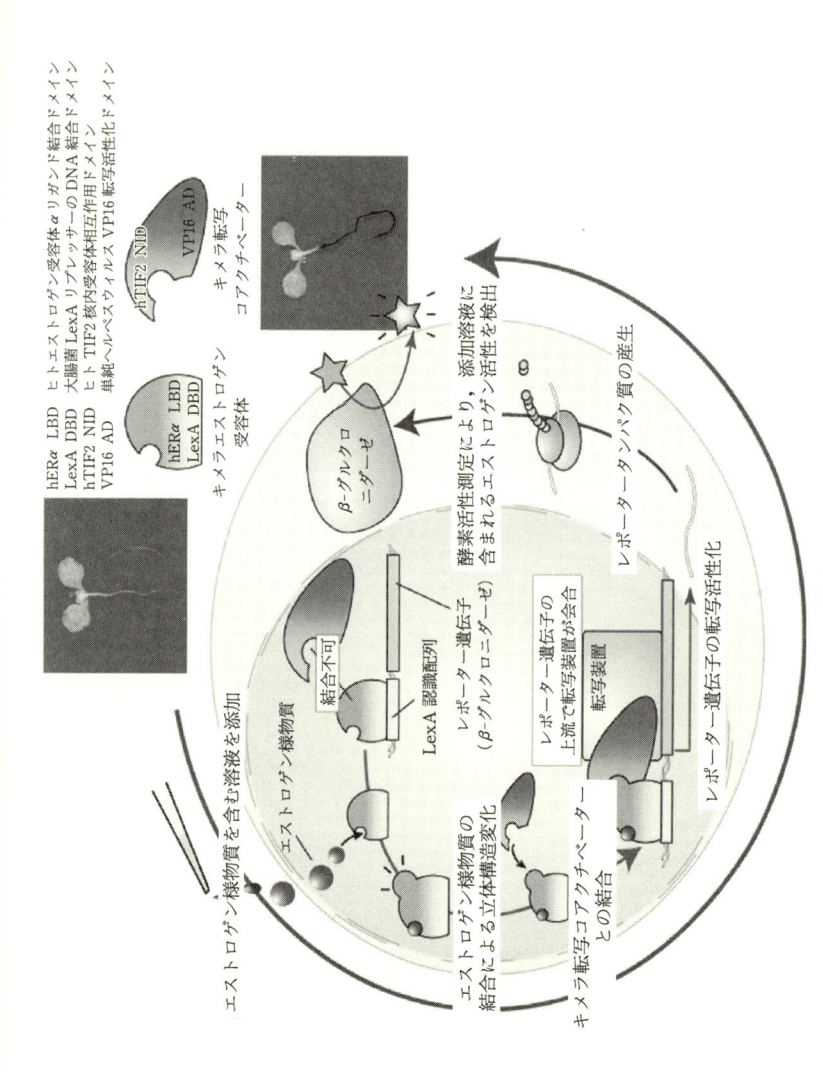

図 6.7 エストロゲン様物質検出の分子メカニズム

は，植物細胞の核内で常時発現されているキメラエストロゲン受容体とキメラ転写コアクチベーターの2種のエフェクターと，エフェクター間のエストロゲン依存的な相互作用によって転写が活性化されるレポーターから構成されています。これによりエストロゲン様物質が含まれる試料に曝露した際に生産される植物バイオセンサーのレポーター遺伝子産物の活性を測定することで，試料中にエストロゲン活性を有する物質がどの程度含まれているかを測定できるのです[1〜6]。

[引用文献]
[1] 女性ホルモンを見つける植物，廃棄物学会誌，15(5)：247-253，2004．
[2] Development a system for monitoring estrogenic activity using transgenic Arabidopsis thaliana. J Environmental Biotechnology, 5(1): 31-36, 2005.
[3] A simple and extremely sensitive system for detecting estrogenic activity using transgenic Arabidopsis thaliana. Ecotxicology and Environmental Safety, 64: 106-114, 2006.
[4] Direct Determination of Estrogenic and Antiestrogenic Activities Using an Enhanced Plant Two-Hybrid System. J Agric Food Chem, 55(8): 2923-2929, 2007.
[5] 遺伝子組換え植物を用いたエストロゲン様物質の検出，環境修復の科学と技術，北海道大学大学院環境科学院編，pp.99-114，2007．
[6] 植物バイオセンサーを用いた低コスト・無菌操作不要のステロイド系化合物活性測定法．New Food Industry．50(5)：38-48　2008．

[練習問題]
あなたが「こんな大腸菌を作ったら人類の役に立つだろう」と考える大腸菌を，考えられるだけ列挙しなさい。

[解答例] (過去のiGEM Teamが取り組んだテーマを中心に列挙しました。)
①汚染水から重金属を吸収して，水をきれいにする大腸菌
②環境ホルモンを検出して，分解する大腸菌
③化石燃料以外の資源を使って，プラスチックや接着剤を生産する大腸菌
④バイオマスを活用して，燃料を生産する大腸菌

⑤医薬品の候補となる化学物質を見つける大腸菌
⑥医薬品となる化学物質を生産する大腸菌
⑦ペットの糞の香りをよくする大腸菌
⑧癌細胞を発見して，細胞分裂を停止させる大腸菌
⑨血管中の血栓を溶かして，脳梗塞や心筋梗塞を治療する大腸菌
⑩植物の根に付着して，根の成長を促進させる大腸菌
⑪多細胞生物に進化する大腸菌
⑫ワクチンを生産する大腸菌
⑬体細胞をiPS細胞にリプログラムする大腸菌
⑭レアメタルを精錬する大腸菌
⑮照明器具として利用できる，光る大腸菌
⑯蜘蛛の糸・絹糸などの繊維を作る大腸菌
⑰宇宙空間で生存できる大腸菌
⑱二酸化炭素を吸収する大腸菌
⑲血液を分析する大腸菌
⑳光に応答する大腸菌

第7章 遺伝子デザインツール

7.1 遺伝子デザインツール「UGENE」とは

　この章では，コンピュータ上で遺伝子をモデリングする手法を紹介します。モデリングは，実際に作成する遺伝子を，前もってコンピュータ上でシミュレーションし，検討するための作業です。モデリングを入念に行うことで，思わぬ実験の失敗を防いだり，解決策を見つけ出したりすることができます。

　今回は，遺伝子モデリングを行う道具として，UGENE(ユージーンと読みます)というソフトウェアを利用します。使い方の解説に入る前に，まずはこのソフトウェアがどういうものなのかを紹介しましょう。

　UGENE は，分子生物学分野の研究者のために開発されている遺伝子デザインツールです。Windows，Mac OS，Linux など各種の OS に対応した形式で，フリーソフトとして配布されているため，無料で使うことができます。さらに，UGENE はソースコードが公開されているので，誰でも自由に改変することもできます。開発元はロシアの UniPro という企業で，およそ 6 週間ごとに新しいバージョンが発表されています。

　UGENE の機能は多岐にわたっており，遺伝子をモデリングするためだけでなく，複数の配列を比較したり，実験で作成した遺伝子のシーケンスデータを分析したりといった用途にも使うことができる強力なツールです。しかし，この章の目的は，それらの機能をすべて紹介することではありませんので省略します。

　UGENE は少しクセのあるソフトウェアで，使い慣れるまでに多少の期間を要するかもしれません。しかし，一度その便利さ

に気づくと，手放すことのできない相棒になることでしょう。それでは，UGENE の世界に足を踏み入れましょう。本書に沿って，実際に操作しながら読み進めてください。

7.1.1 UGENE のインストール

まずは，あなたのコンピュータに UGENE をインストールしましょう。

① ブラウザを開き，以下の URL を入力して，UGENE のトップページにアクセスします。http://ugene.unipro.ru/

② 図 7.1 のような画面が現れるので，図中の Downloads をクリックします。

③ Downloads ページでは，上から Windows 版，Linux 版 (Ubuntu, Fedora)，Mac OS 版の順に並んでいます。あなたのコンピュータの OS にあったものを選択し，わかりやすい場所にダウンロードしてください。30〜50 MB の容量があるので，環境によっては 10 分以上かかることもあります。ダウンロードが完了したら，それぞれの OS に適切な方法でインストールしてください。

図 7.1 UGENE 配布サイトのトップページ

7.1.2 UGENE の起動

インストールが完了したら，UGENE のショートカットアイコンをクリックして起動してください。初回起動時は画面に何も表示されませんが，ここではこの章を最後まで完了した場合に表示される画面を例にとって，各部分の名称と役割を説明します。

① プロジェクトウィンドウ：現在のプロジェクト (後述) に関連づけられたファイルの一覧を表示します。
② ブックマークウィンドウ：開いているオブジェクトウィンドウの一覧を表示します。
③ オブジェクトウィンドウ：DNA 配列の情報などを表示します。
④ 制限酵素ビュー：配列のなかに含まれる制限酵素認識配列の種類と数を表示します。
⑤ アノテーションウィンドウ：DNA 配列につけられた注釈を表示します。
⑥ メニューバー
⑦ ツールバー
⑧ オブジェクトツールバー

これらの名称は，今後の解説のなかで使用しますので覚えておいてください。

7.1.3 新規プロジェクトの作成

図 7.2 のプロジェクトウィンドウにはたくさんの項目が表示されています。これらはそれぞれ独立した遺伝子部品の情報が書き込まれたファイルの名前を示しています。このように，UGENE では，それぞれの遺伝子部品の情報を個別のファイルに保存し，

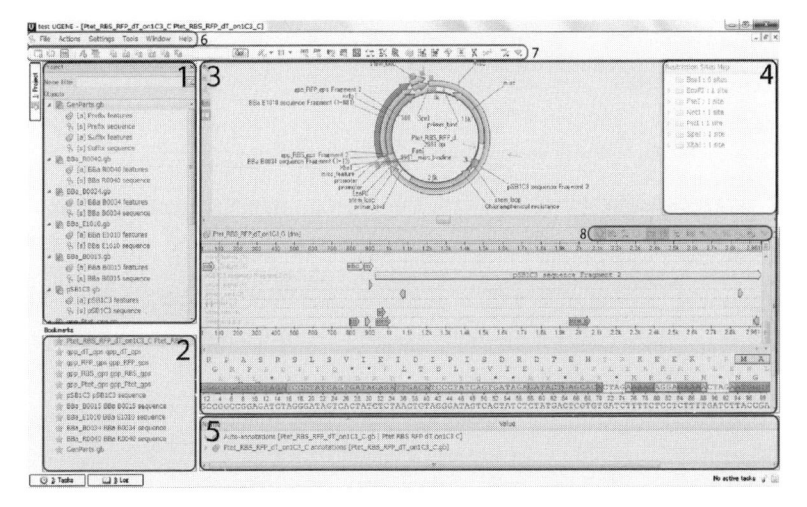

第 7 章 遺伝子デザインツール　83

図 7.2

それらから必要な情報を抜き出して，結合・整理することで，より複雑で高機能な遺伝子部品・生物デバイスのモデルを作成します。

このような作業を効率よく行うために，UGENE では一連の遺伝子をデザインするために必要な遺伝子部品情報を 1 か所にまとめて管理します。それが，「プロジェクト」です。コンピュータ内では，".uprj" という拡張子を持った XML ファイルとして扱われます。テキストエディタで編集できますが，ここでは取り上げません。

UGENE プロジェクトについて必要な知識を得たので，さっそく新しいプロジェクトを作ってみましょう。ツールバーの左端にある，図 7.3 のようなボタンが新規プロジェクト作成ボタンです。これをクリックすると，図 7.4 のようなウィザードが表示さ

図 7.3

図 7.4

れます。

この画面で，Project name(UGENE上で表示されるプロジェクト名)，Project folder(.uprjファイルが保存される場所)，Project file(.uprjファイルの名前)を決めて，Createをクリックすると，新しいプロジェクトが作成されます。今回は，Project nameはPractice，Project folderはデスクトップ，Project fileはPracticeとしてください。

作成に成功すると，空のオブジェクトウィンドウとブックマークウィンドウが表示されます。次の節に進みましょう。

7.1.4 遺伝子部品情報(GenBank形式)のダウンロード

UGENEで扱うことのできる遺伝子部品の情報には2種類あ

り，それぞれ GenBank 形式，FASTA 形式と呼ばれます。FASTA 形式は純粋に塩基配列のみを ACGT の羅列として記録します。これに対し，GenBank 形式では「アノテーション」と呼ばれる遺伝子部品の役割に関する説明を，塩基配列と同じファイルに保存することができます。それぞれ向き不向きがあるので用途によって使い分けます。今回は，GenBank 形式を用います。GenBank とは，米国生物工学情報センター(NCBI)が収集・管理・提供している遺伝子部品情報のデータベースです。その膨大なデジタルデータは，誰でも無償で利用することができます。

この章の後半で，完全に動作するようにデザインされた生物デバイスをモデリングする過程を紹介します。そこで使用する遺伝子部品コア配列のひとつをダウンロードしてみます(コア配列については第3章を参照)。

実際に GenBank データを利用するときは，NCBI の GenBank データを独自に解析・整理して，利用者に使いやすい形で提供している遺伝子情報サイトを用いることが多いです。有名なものがいくつかありますが，今回は The Registry of Standard Biological Parts という機関が運営しているサイトを利用します。

まずは，この URL(http://partsregistry.org/Main_Page)にアクセスしてください。ページの右上に検索ボックスがあります。そこに "R0040" と入力して Go をクリックすると，BBa_R0040 というナンバーの遺伝子部品コア配列情報ページにアクセスできます。この遺伝子部品コア配列は，7.2 節以降で作成する生物デバイスモデルのプロモーターとして使います。また，このページには，この遺伝子部品に関する学術的な情報や，参考論文へのリンクも示されているので，活用してください。

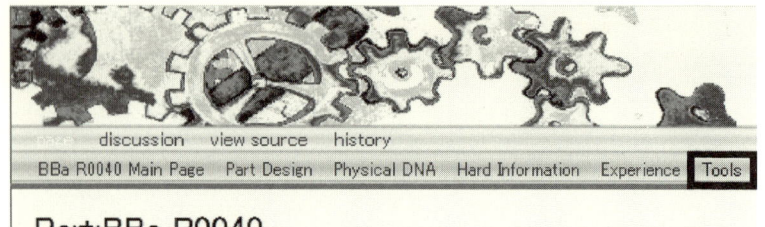

図 7.5

　このページから遺伝子部品コア配列情報をダウンロードするときは，以下の手順に従ってください。まず，ページ上部にある Tools にマウスを乗せてください(図7.5)。すると，プルダウンメニューが出てくるので，その下の方にある GenBank Format をクリックしてください。

　背景が紺色のページに移りますので，上の方にある Download as .gb file というリンクをクリックしてください。BBa_R0040.gb という名前で，遺伝子部品コア配列情報をダウンロードできます。ダウンロードしたファイルは，先ほど作成したプロジェクトの Project folder と同じ場所に保存してください(今回はデスクトップ)。

[補足]

　Download as .gb file のリンクの下に表示されているのは，ダウンロードしたファイルの中身です。このように，GenBank 形式はテキストデータですので，テキストエディタで編集ができます。ここでは扱いませんが，GenBank データを扱うときにテキストエディタはとても便利です。興味がある方はいろいろ試してみてください。

7.1.5 .gb ファイルの Project への読み込み

ダウンロードした .gb ファイルは，プロジェクトに読み込む（インポートといいます）ことで，初めて使うことができるようになります。インポートの方法はふたつあります。

① UGENE のウィンドウを小さくして，デスクトップの BBa_R0040.gb が見えるようにし，そのファイルを UGENE のプロジェクトウィンドウへドラッグ＆ドロップする。

② プロジェクトウィンドウを右クリックし，Add → Existing document とクリックして，ダウンロードしたファイルを選択する。

どちらでも結果は同じですので，やりやすい方法で作業してください。

ここまでは，UGENE でモデリングをするための準備を学びました。7.2 節では，実際に遺伝子部品コア配列情報を加工して，実験で利用できる形にします。

7.2 遺伝子部品配列情報を作成する

7.2.1 遺伝子部品コア配列情報を準備する

このチュートリアルでは，「赤色蛍光タンパク (Red Fluorescent Protein, RFP) を大腸菌内で発現する生物デバイスのモデル」を，UGENE で作成します。このテキストの前半で述べたとおり，生物デバイスはプロモーター・RBS・タンパク質コード領域・ターミネーターなどの遺伝子部品が連結されてできています。これがプラスミドという大腸菌内での遺伝子複製を可能にする環状

DNAと連結されることで，実際に菌体内でRFPを発現させることができます。今回使用する遺伝子部品は以下の5つです。

①Promoter： BBa_R0040（ダウンロード済みです）
②RBS： BBa_B0034
③CDS： BBa_E1010
④Terminator：BBa_B0015
⑤Plasmid： pSB1C3

7.1.5節の手順に従って，すべてのGenBank形式の遺伝子部品コア配列情報をダウンロードし，プロジェクトにインポートしてください。

7.2.2 遺伝子配列にプレフィックス配列（共通上流配列）とサフィックス配列（共通下流配列）を連結して遺伝子部品配列情報を作成

7.2.1節でダウンロードした遺伝子部品コア配列情報は，「遺伝子として機能する部分」の情報のみを記述しています。実際にDNA合成実験を実施するときに必要な遺伝子部品の配列情報としては不完全です。確かに，UGENEでは実際に試薬を混ぜ合わせて実験をするわけではないので，そのままでは連結することのできない遺伝子配列どうしを画面上で無理やり連結することもできます。つまり，データ上では7.2.1節でダウンロードした遺伝子部品コア配列情報だけを単純に並べて，生物デバイスのモデルを構成することもできるのです。しかし，UGENEを用いて遺伝子デザインシミュレーションをする意味は，「実際に遺伝子合成実験を実施する際に，どのような工程を経て連結するかをシミュレーションできること」にあります。したがって，第3章で

説明した GenParts を利用するプロトコルに従って DNA 合成実験をする前には，UGENE 上でも GenParts の配列情報を用いてシミュレーションできるようにする必要があるのです。

そのためにはすべての遺伝子部品コア配列情報の上流にプレフィックス配列を連結し，下流にサフィックス配列を連結するという加工をして，すべての遺伝子部品の配列情報を完成させておく必要があります。UGENE で GenParts のプレフィックス配列・サフィックス配列情報を扱うためには，その情報を GenBank 形式で準備しなければなりません。しかし，GenParts プロトコルは独自のものなので，7.2.1 節でそろえた遺伝子部品コア配列情報のように PartsRegistry からダウンロードすることはできません。したがって，筆者が作成した GenBank ファイルをダウンロードして利用することにします。

以下のページ

http://noah.ees.hokudai.ac.jp/emb/ymzklab/dl/download.html にアクセスし，

"GenParts.gb" と書かれたリンクをクリックしてください。自動的にダウンロードが始まるはずです。万一，このリンクから正常にダウンロードができない場合は，その下にある「ダウンロードできない場合はこちら」と書かれたリンクをクリックしてください。GenParts.gb ファイルをダウンロードすることができたら，プロジェクトにインポートしてください。"Sequence reading options" というウィンドウが表示された場合は，OK をクリックします。

図 7.6

7.2.3 切断に利用する制限酵素認識配列の設定

UGENE で遺伝子デザインシミュレーションをする際には，実際の遺伝子合成実験で行う制限酵素処理過程(digestion)をシミュレーションする必要があります。UGENE では，REBASE という制限酵素データベースの情報を基に，入力された DNA 配列に含まれる制限酵素認識配列を自動的に検出します。しかし，REBASE には 2,000 を超える制限酵素の情報が登録されており，このままでは多すぎて使いにくい状態です。UGENE では，シミュレーションの過程において使用する制限酵素の種類を指定して扱うことができます。実際に設定をしてみましょう。ツールバーの右から 3 分の 1 くらいの場所に，図 7.6 のようなボタンがあります。これが，制限酵素選択ボタンです。

クリックすると，図 7.7 のようなウィザードが開きます。UGENE の初期設定として，いくつかの酵素が選択されていますので，図中の「1」で示した "Select None" ボタンをクリックしてすべて消去してから，以下の 6 種類の酵素を選択してください。

*Eco*RI, *Fse*I, *Xba*I, *Spe*I, *Not*I, *Pst*I

図中「2」で示した三角形をクリックすると，そのアルファベットで始まる名前の酵素が一覧で表示されますので，根気よく探してください。

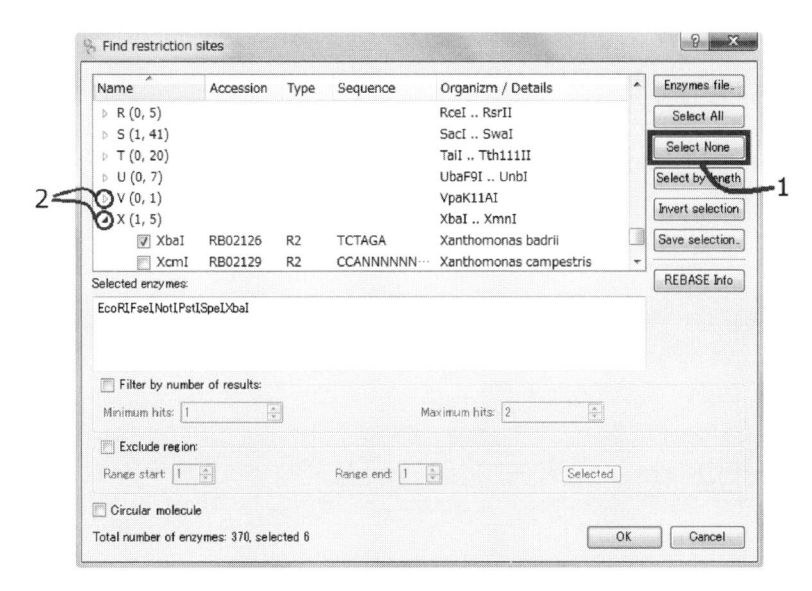

図 7.7

7.2.4 GenParts のプレフィックスとサフィックスの配列を遺伝子部品コア配列の両端に連結する

7.2.1 節で GenParts.gb ファイルをインポートしましたが，これだけでは使うことができません。ダウンロードしたすべての遺伝子部品コア配列に対し，プレフィックス・サフィックス配列を連結する必要があります。ただし，プラスミド(今回は pSB1C3.gb)は独自のプレフィックス・サフィックス配列が連結した状態のデータで登録されているので，これにはプレフィックスとサフィックス配列をつけてはいけません。では，プロモーター BBa_R0040 を例にとって，実際にやってみましょう。

オブジェクトウィンドウまたはアノテーションウィンドウの上

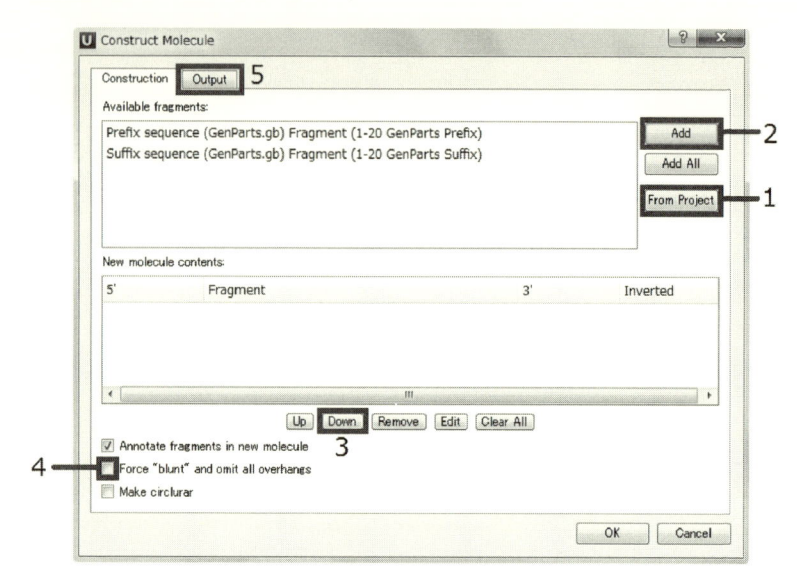

図 7.8

(どこでも可)で右クリック → Cloning → Construct Molecule を
クリックしてください。図 7.8 のようなウィザードが開きます。

このウィザードでは，左上の Available fragments ウィンドウ
に登録されているフラグメント(DNA断片)を，さまざまな条件を
指定して連結することができます。先ほどインポートした
GenParts.gb に含まれている，プレフィックスとサフィックスの
フラグメントはすでに登録されていますね。しかし，7.2.2 節で
インポートしたパーツは何も入っていませんから，手動で登録し
なくてはいけません。

図 7.8 で「1」と書かれたボタン "From Project" をクリック
してください。図 7.9 のようなウィンドウが開きます。ここで，

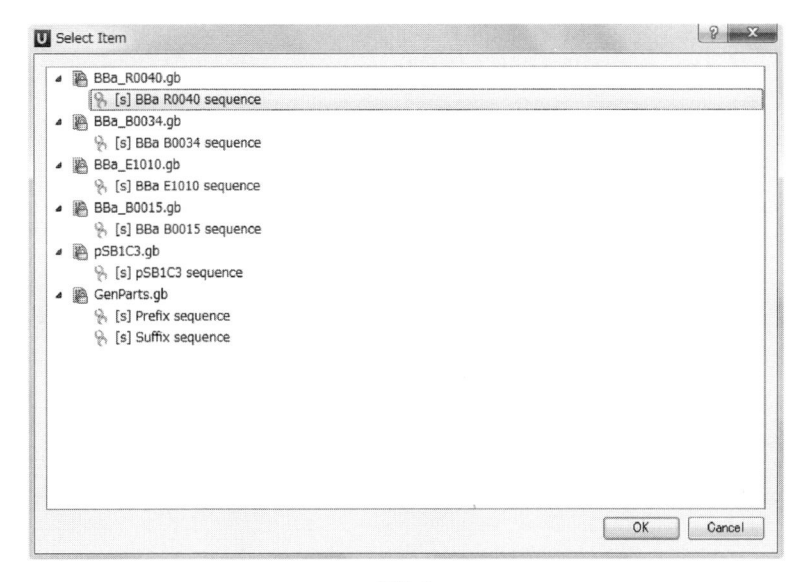

第7章 遺伝子デザインツール　93

図 7.9

　上から2つ目の[s]BBa R0040 sequence(図7.9でハイライトされているもの)を選択してください。間違って，その上のBBa_R0040.gbを選択しても，Available fragmentsウィンドウに登録することはできません。正しく選択してOKを押すと，Create DNA Fragmentウィンドウが開きます。Regionのところで，Whole Sequenceが選択されていることを確認し，OKを押してください。Available fragmentsウィンドウにBBa R0040 sequence (BBa_R0040.gb)Fragment(1-54)と登録されているはずです。

　これで，PartsRegistryからダウンロードした遺伝子部品コア配列にGenPartsのプレフィックス・サフィックス配列を連結する準備ができました。

では，実際に連結してみましょう。

フラグメントを連結するときは，完成品に必要なパーツを，Available fragments の下の New molecule contents ウィンドウに移動しなければいけません。つまり，プロジェクトが進行して Available fragments ウィンドウに余計なフラグメントが入っていても，実際に連結されるのは New molecule contents ウィンドウに登録されているフラグメントだけです。今回は，GenParts Prefix → BBa_R0040 → GenParts Suffix の順に連結するのが目的ですので，まずはこれらのフラグメントを New molecule contents ウィンドウに登録しましょう。Available fragments ウィンドウの一番上にある Prefix sequence (GenParts.gb) Fragment (1-20 GenParts Prefix) を選択し，その右にある Add ボタン (図7.8の「2」) をクリックします。

これで，GenParts Prefix を New molecule contents ウィンドウに登録できました。GenParts Suffix，BBa R0040 のフラグメントも同様にしてください。

さて，ここまで操作すると，New molecule contents ウィンドウには上から順に GenParts Prefix，GenParts Suffix，BBa R0040 の順に並んでいると思います。Construct Molecule ウィザードでは，New molecule contents ウィンドウに「並んでいる順番で」フラグメントを連結するので，このままでは正しい配列ができません。そこで，New molecule contents ウィンドウの GenParts Suffix fragment を選択して，その下にある Down ボタン (図7.8中の「3」) をクリックしてください。GenParts Suffix が1つ下に下がって，正しい順番になりました。

[補足]

　Available fragmentsウィンドウから，New molecule contentsウィンドウに追加するとき，Prefix → R0040 → Suffixの順で追加すると，この操作は必要ありません。New molecule contentsウィンドウは，追加された順に並ぶからです。誤って不要なフラグメントを追加してしまったときは，Removeをクリックすると取り除くことができます。

　これで連結する準備はほぼ整いましたが，いくつか細工をしておく必要があります。

　まず，New molecule contentsウィンドウではBluntの文字が赤く表示されています。Bluntとは平滑末端のことで，赤文字になっているのは，「実際の実験ではうまく連結することができませんよ」という警告です。今回はそのような状況を納得した上で作業していますので，この状況に対処する必要があります。Construct Molecureウィザードの下の方に，Force "blunt" and omit all overhangsというオプションがありますから，これにチェック(図7.8の「4」)をつけてください。これは，「フラグメントの末端がいかなる状態でも，無理やり連結する」という意味です。

　次に，ウィザードの上の方にタブがあります。今は，Constructionタブで作業をしていますが，それをOutputタブに切り替えてください(図7.8の「5」)。Construction Moleculeウィザードの結果は，新しいGenBankファイルとして出力されます。Outputタブでは，その出力先についての情報を編集します。Path to fileと書かれている部分で，出力先のフォルダ，そして

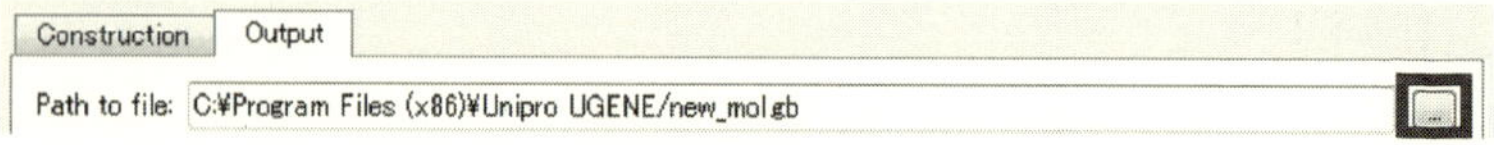

図 7.10

出力されるファイルの名前を指定することができます。入力ボックスの右端に〝…〟と表示されたボタンがあるのでクリックしてください(図7.10)。

フォルダはプロジェクトファイルがあるフォルダと同じ場所を,そしてファイル名は〝gpp_Ptet_gps.gb〟と指定してください。拡張子〝.gb〟も必ず入力する必要があります。このファイル名の意味についてですが,gppはGenPartsPrefixを,PtetはR0040の慣用名を,そしてgpsはGenPartsSuffixを指しています。このように理解しやすい名前をつけることで,フォルダのなかにGenBankファイルが増えてきても容易に探し出すことができます。なお,この名づけの作業を飛ばしてしまうと,new_mol.gbという名前のファイルができてしまいます。ひとつだけなら問題ありませんが,プロジェクトが進行するにつれてnew_mol(2).gb new_mol(3).gbと増えていくため,管理が大変面倒になります。理解しやすい名前をつけて出力することによって,上手にデータを管理することができます。

ここまでの作業を終えると,ようやく出力が可能な状態になります。ウィザード右下のOKボタンを押しましょう。正しく操作されていれば,GenParts Prefix,R0040,GenParts Suffixの順に連結された配列が出力されると思います。これで,プロモーターに関する処理は完了です。RBS,RFP,そしてターミネーターに対しても,同じことをしてください。ファイル名はそ

れぞれ gpp_RBS_gps.gb, gpp_RFP_gps.gb, gpp_dT_gps.gb とします。dT は B0015 "double Terminator" の略です。すべて，正しく操作できたでしょうか。うまくいったことを確認したならば，次の段階に進みましょう。

7.3 遺伝子部品配列情報の制限酵素処理シミュレーション

すべての遺伝子部品コア配列に GenParts のプレフィックス配列とサフィックス配列を連結し，4つの遺伝子部品配列情報を作ることができましたか。では，次にこれらの部品の制限酵素処理シミュレーションをしてみましょう。どの部品をどの制限酵素で切るかは，図 7.11 を見てください。また，制限酵素処理の詳細については第3章を参照してください。

ここでは例としてプロモーター部品 gpp_Ptet_gps を，*Eco*RI と *Spe*I で切断してみましょう。制限酵素処理をするときは，操作対象の配列情報をオブジェクトウィンドウに表示する必要があります。

このテキストの手順通りに作業を進めてきたならば，今，オブジェクトウィンドウには gpp_dT_gps が表示されているはずです。ここに，gpp_Ptet_gps を表示させましょう。オブジェクト

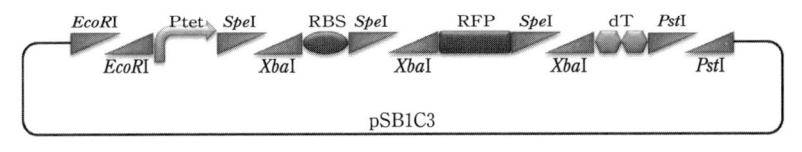

図 7.11

ウィンドウを切り替えるときには，ブックマークウィンドウを使用します。今，ブックマークウィンドウは図 7.12 のような状態になっていると思いますので，下から 4 つめの "gpp_Ptet_gps gpp_Ptet_gps" をダブルクリックしてください。gpp_Ptet_gps のオブジェクトウィンドウが表示されます。

この状態で，オブジェクトウィンドウまたはアノテーションウィンドウのどこかを右クリック → Cloning → Digest into Fragments をクリックしてください。図 7.13 のようなウィザードが開くので，ここで *EcoR*I と *Spe*I を選択し Add をクリックして，右下の OK ボタンをクリックすると制限酵素処理が完了です。正しく操作すると，オブジェクトウィンドウは図 7.14 のようになります。

ここで，重要なことがあります。今回の制限酵素処理では，直鎖状の DNA を 2 か所で切断したため，3 つのフラグメントになります。図中の「1」「2」「3」で示してあるものがそれです。ここで，「1」で示した Fragment 1 と，「3」で示した Fragment 3 は，いわば「切れ端」で，このシミュレーションには必要ありません。部品としての機能を持つものは Fragment 2 であり，これを使って 7.4 節の連結処理を行うということを頭に入れておいてください。制限酵素処理をした後は，毎回このように「どのフラグメントが目的のものか」を必ず確認しましょう。

それでは RBS，RFP，dT，そして pSB1C3 も同様の手順で処理してください。図 7.11 を参考にして正しく制限酵素の種類を選択してください。すべて完了したら，次の 7.4 節に進みます。もし，正しくない制限サイトで切ってしまった場合は，図 7.14 の「1」「2」「3」で示されたアノテーションの帯をクリックして

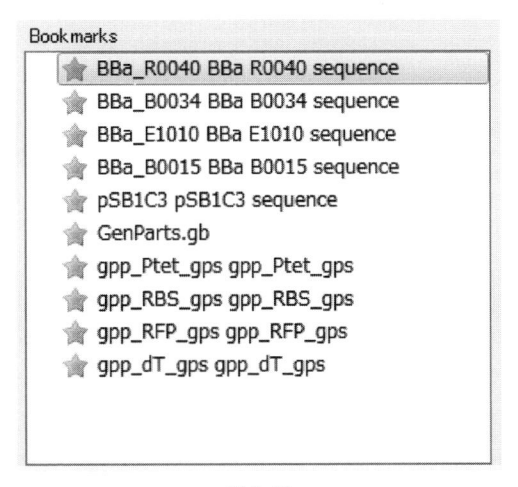

第 7 章　遺伝子デザインツール　　99

図 7.12

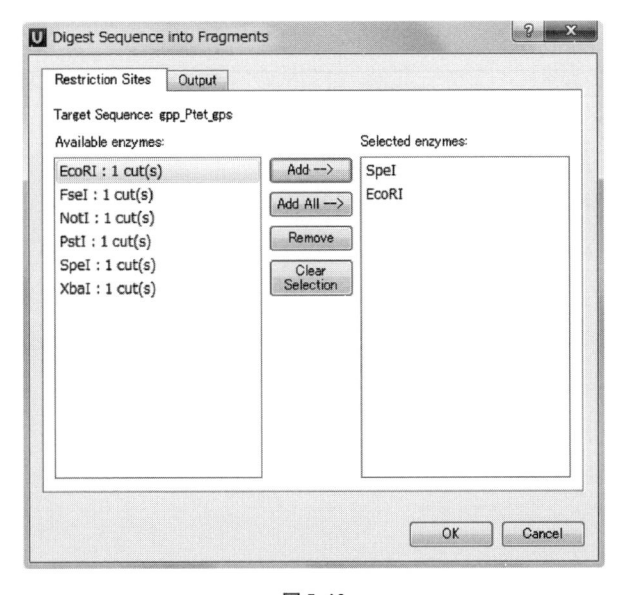

図 7.13

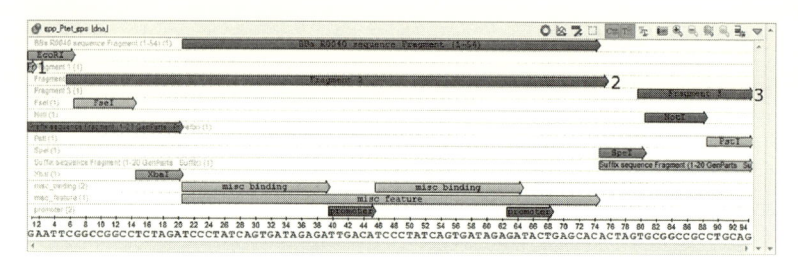

図 7.14

選択し，デリートキーを押すことで，消去してください。3つすべてを消すと，処理をする前の状態に戻すことができます。

7.4　制限酵素処理後の遺伝子部品配列情報の連結シミュレーション

ついに最終ステップです。制限酵素処理をした遺伝子部品をすべて連結し，遺伝子を完成させるシミュレーションをしましょう。

GenParts のプレフィックス配列とサフィックス配列を遺伝子部品コア配列に連結させた場合と同じように，オブジェクトウィンドウまたはアノテーションウィンドウのどこかで右クリック → Cloning → Construct molecule をクリックしてください。今回は，使用する遺伝子部品がすべて Available Fragments ウィンドウに登録されています。このなかから，使用するフラグメントを正しく選び，Ptet → RBS → RFP → dT → pSB1C3 の順で New molecule contents ウィンドウに登録してください。このウィザードの使い方を忘れてしまったときは，7.2 節に戻りましょう。すべて登録した後，ウィザードの一番下にある Make Circular オプションにチェックをつけてください。

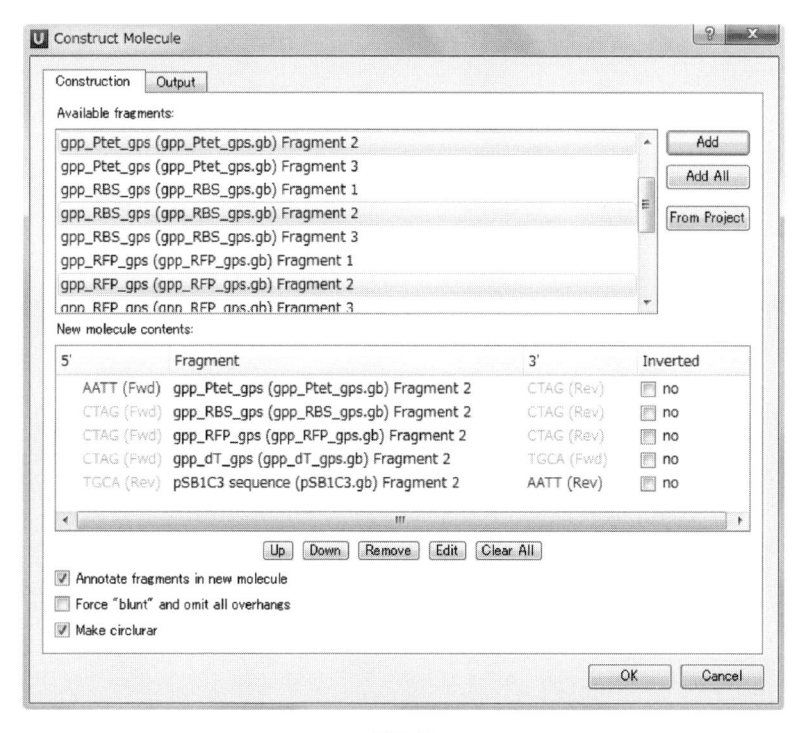

図 7.15

　このオプションによって，出力される配列は両端が連結された環状構造になります。シミュレートする生物によって，環状 DNA と直鎖状 DNA を使い分けることができます。すべてのオプションを設定すると，図 7.15 のようになると思います。

　7.2 節では Blunt の末端が赤文字で警告されていましたが，今回は CTAG(Fwd) と CTAG(Rev) などの文字が緑で表示されています。これは，「実際の実験でも，正しく連結することができますよ」という意味です。また，今回は大腸菌内で作動する生物デ

バイスなので，Make Circular オプションによって環状 DNA にします。

　突出末端の配列が赤文字で表示されていたら，それは制限酵素処理が間違っている可能性を示唆します。きちんと確認し，誤りがあればやり直しましょう。誤りがなければ Output タブをクリックし，Ptet_RBS_RFP_dT_pSB1C3 というような名前をつけてデスクトップに出力しましょう。また，プロジェクトをメニューバーの File → save project as から保存すれば，作業経過の記録を残すことができます。両方のファイルが正しく出力されれば，完成です。

　これで，遺伝子デザインツールのチュートリアルは終了です。「デザインした遺伝子を，遺伝子デザインツールを用いてあらかじめコンピュータ上でモデリングする」ということの有用性をわかっていただけたでしょうか。実際の実験では，7.3 節のように，5 つのパーツを意図した順番で正しく連結する操作を一度に行うなどということはほぼ不可能です。これはコンピュータ上でのシミュレーションだからできることです。

　このようにシミュレーションを行い，実験全体の工程をあらかじめ把握し，すばやく確認することで，デザインに問題があればすぐに対処することができますし，失敗する確率を減らすことができます。ここで体験した遺伝子デザインのシミュレーションは，UGENE の用途として最も基本的かつ重要な要素です。繰り返し練習し，すばやく正確にシミュレーションができるようにしてください。十分に習得が進めば，この章で紹介した程度の遺伝子デザインシミュレーションは 10 分程度で完了できるようになり

ます。そうなれば，あなたも一人前の UGENE ユーザーの仲間入りです。

第8章 「遺伝子をデザインする」とはどういうことか

本書の学習を通してみなさんは，第1章で「工学原理に基づく遺伝子デザインとは何か」を概念的に把握し，第2章では「遺伝子の各部位の役割・位置・配列」について具体的に学びました。第3章では「遺伝子部品とはどのようなもので，それらを連結して遺伝子を作るとはどのような過程をたどるのか」を理解し，第4章では「作成した複数の遺伝子からなる生物デバイス情報は細胞内でどのように生物デバイスとして機能するか」を学びました。第5章では「生物と生物デバイスとの関係」「最小ゲノムと生物デバイス情報との関係」について学びました。第6章では生物デバイスとは具体的にどのようなものであるか」を，植物バイオセンサーを例に挙げて学びました。第7章では，「遺伝子や生物デバイス情報を，デザインツールを用いてどのように設計するか」を学び，こうした知識をもとにして，いよいよ遺伝子情報・生物デバイス情報をデザインするための下準備ができたことになります。

　では，みなさんは「どんな遺伝子情報や生物デバイス情報をデザインしたいですか？」と聞かれて，何と答えるでしょう。具体的なアイデアがいくつか浮かぶ人もいるかもしれませんが，たいていの人は何も浮かばないのではないでしょうか。無理もありません。なぜなら，ここまでみなさんが勉強してきたことは，あくまでも「遺伝子情報・生物デバイス情報をデザインする下準備」をしてきただけなのですから。また，遺伝子を単体として設計しただけでは，それを導入された生物の振舞に影響を与えるに至るまでに，さらにいくつかのプロセスを必要としますから，「こういう特徴を持った生物がいたら，こんな風に役に立つだろう」というイメージはわいてきますが，「こういう遺伝子を設計したら，

こんな風に役に立つだろう」というようにストレートにはいかない場合がほとんどです。したがって，まずは，「こんな特徴を持った生物がいたら，こんな風に使える」ということを社会的必要性から導き出し，次に「そのような生物を作るには，どのような遺伝子をデザインして，どのように組み合わせるか」ということを考えてみましょう。

この段階で初めて「どのような役割をどのように果たせる遺伝子を作りたいか」ということを考え始めるようになるのです。遺伝子がある一定の役割をどのように果たすかは，その遺伝子の配列にすべて書かれていますから，これまで第1章から第7章までに学んできた知識を使って，「その遺伝子が一定の役割を果たせるようにデザインすること」ができます。そのために，まず必要なことは「どのような役割をどのように果たせる遺伝子か」ということを，文章で明確に表現する練習を積むことです。そのことによって，その生物のゲノム情報のなかにおける，その遺伝子の立ち位置が明確になるのです。では，「遺伝子の役割と，その役割を果たす方法」を，どのように表現できるかを以下に解説します。

8.1 遺伝子部品の役割を単文で表現

まず，本書の第7章(図7.11)で使用されたプロモーター部品Ptetを文章で表現してみましょう。

「大腸菌遺伝子の上流にあって，テトラサイクリン関連遺伝子のRNAポリメラーゼによる転写開始に必要な比較的強力なプロモーター」と表現することができます。同様にRBS，RFP，dT

などを文章で表現してみると，RBS なら「大腸菌遺伝子上にあり，リボソーム結合部位(Ribosome Binding Site)と呼ばれ，リボソーム小サブユニットの 16S rRNA と相互作用して mRNA からポリペプチドへの効率のよい翻訳に必要な領域」，RFP は「Red Fluorescent Protein と呼ばれ，緑色光を照射すると赤い蛍光を発する赤色蛍光タンパク質をコードする領域」，dT は「大腸菌遺伝子の下流にあって，RNA ポリメラーゼによる転写反応を終結させるのに必要な二段構えのターミネーターという領域」ということになります。

8.2 ひとつの人工遺伝子を短い文章で表現

それでは，上記の遺伝子部品を連結させて作られる，ひとつの遺伝子(Ptet_RBS_RFP_dT)を短い文章で表現してみましょう。

「この遺伝子は大腸菌内で機能する遺伝子で，緑色光を照射すると赤い蛍光を発する赤色蛍光タンパク質(Red Fluorescent Protein)をコードしています。RFP mRNA を比較的たくさん生産し，さらに赤色蛍光タンパク質自体も RBS の作用により効率よく生産し，二段構えのターミネーターによってその転写が終結させられるようになっています。」
という具合に短い文章で表現することができます。

8.3 複数遺伝子からなる人工生物デバイスを短い物語で表現

　複数遺伝子からなる生物デバイスの一例として，本書の第6章で解説した植物バイオセンサーを作るために植物に導入された3つの遺伝子によって構成される生物デバイスの働きを短い物語として表現してみましょう。

　「この植物は人工的に合成された3つの遺伝子の働きによって，女性ホルモン活性物質に触れると青く変化する植物バイオセンサーです。3つの遺伝子とは，エフェクター1遺伝子，エフェクター2遺伝子，レポーター遺伝子で，それぞれキメラ女性ホルモン受容体，キメラ転写コアクチベーター，レポーター酵素をコードしています。女性ホルモンに触れるとキメラ女性ホルモン受容体は立体構造(コンフォメーション)が変化します。そして連鎖反応的にキメラ転写コアクチベーターと結合して複合体を形成し，その複合体が標的のレポーター遺伝子の転写を刺激し，レポーター酵素がたくさん作られるようになります。このレポーター酵素の触媒活性により無色の反応基質が青色の物質に変化することによって，植物バイオセンサーの根が青色に染まります。」

という具合に短い物語で表現できます。

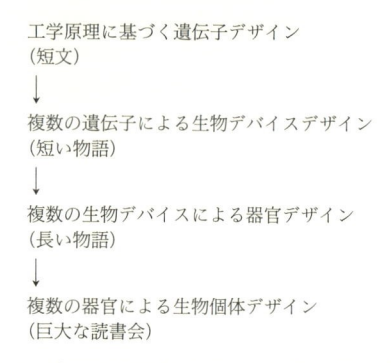

```
工学原理に基づく遺伝子デザイン
(短文)
  ↓
複数の遺伝子による生物デバイスデザイン
(短い物語)
  ↓
複数の生物デバイスによる器官デザイン
(長い物語)
  ↓
複数の器官による生物個体デザイン
(巨大な読書会)
```

図 8.1 遺伝子の役割とその果たし方を文章で表現

8.4 生物個体の各器官の機能は長い物語

このように，複数遺伝子から構成される生物デバイスの働きを上述の文章量で表現できるなら，ひとつの器官(臓器など)で1,000を超える遺伝子が発現していたとしても，それらを数百のグループに分類し，各グループの遺伝子によって構成される生物デバイスを500文字程度の短い物語で表現し，それらをつなぎ合わせて，器官の役割を長い物語として表現することができるはずです。生物個体には，2～3万個の遺伝子がコードされており，それらのうち数パーセントずつが，数百の器官において選択されて発現しているわけですから，生物個体の生というものを，さまざまな長編の物語が同時並行的に語られている巨大な読書会のようなものとしてとらえることができるでしょう(図8.1)。

8.5 魅力的な生物デバイスの構築には多くの知識と創造性が不可欠

以上，解説してきたように，すでにできあがっている生物のシステムのなかに新たな遺伝子・生物デバイス情報を導入して，生物に新たな役割を果たさせようとするなら，以下の知識が必要です。すなわち，①改変しようとする生物そのものに対する理解はもちろんのこと，その生物のなかで目的とする役割を果たさせようとする遺伝子・生物デバイス情報の構築のために必要な遺伝子部品に関する知識。そして②遺伝子部品を組み上げて遺伝子を細胞内で機能させるための知識。③遺伝子情報を基にして作られるタンパク質の構造と機能に関する知識。④複数のタンパク質の相互作用によって構築される生物デバイスに関する知識などです。こうしたさまざまな幅広い知識が必要なのです。

8.6 生物デバイスの例を学ぶ

遺伝子部品をつないで遺伝子をデザインし，実際に人工遺伝子を作製し，作製した遺伝子の機能を組み合わせて生物デバイスを構築する試みは，iGEM(the International Genetically Engineered Machine Competition)という国際的組織のなかで育まれ，その技術は発展を遂げつつあります。この試みは，合成生物学研究に材料としての遺伝子部品を管理・提供する BioBricks foundation に支えられていると同時に，大学学部生の実践教育プログラムとしての役割を果たすことを主目的としています。

したがって，「遺伝子デザイン」や「生物デバイスの構築」は既存の学会を基盤とせず，「学部生の参加する国際的コンテスト」のなかで始められたという，極めて異例な誕生・発展形態をとっています。この組織が公開している情報を，インターネットを使って調べてみましょう。

2012年度に開催されたiGEM 2012の公式サイト(http://2012.igem.org/Main_Page)にアクセスし，そこから，遺伝子部品情報が登録されているサイト(Registry of standard parts)の部品カタログ(Catalog of parts and devices)を閲覧し，遺伝子部品情報がどのように整理され，公開されているかを学びましょう。次に，同じ部品カタログのなかにある生物デバイス情報を閲覧し，コンテストに臨んだ学部生たちや研究者が構築した生物デバイスについて学んでください。さらに，各チームが公開しているチームウィキページを閲覧することによって，作製意図についても学んでみましょう。これらの情報については，続編で詳しく解説することといたします。

[練習問題]
　第6章で解説した人工生物デバイスの例としての植物バイオセンサーがエストロゲンを検出してレポーター遺伝子発現を誘導するに至らせる過程の分子メカニズムを短い物語で表現する文章を下記の □ に適切な単語を入れて完成させなさい。
　「この植物は人工的に合成された3つの遺伝子の働きによって，女性ホルモン活性物質に触れると青く変化する植物バイオセンサーです。3つの遺伝子とは， (1) 遺伝子，エフェクター2遺伝子， (2) 遺伝子で，それぞれキメラ女性ホルモン受容体，キメラ転写コアクチベーター，レポーター酵素をコードしている。女性ホルモンに触れるとキメラ女性ホルモン受容体は (3) が変化し，連鎖反応的にキメラ転写コアクチベーターと結合して複合体を形成し，その複合体が標的のレポーター遺伝子の (4) を刺激し，レポーター酵素がたくさん作られるようになり，このレポーター酵素の (5)

第 8 章 「遺伝子をデザインする」とはどういうことか　113

により無色の反応基質が青色の物質に変化することによって，植物バイオセンサーの根が青色に染まる。」

[解　答]
(1)エフェクター 1
(2)レポーター
(3)立体構造(コンフォメーション)
(4)転写
(5)触媒活性

総合問題

問題1　以下の(1)〜(6)までをＡ４判１枚程度の文書ファイルにしなさい。
　(1)作製する遺伝子・生物デバイスの名称
　(2)制作者氏名
　(3)制作年月日
　(4)遺伝子・生物デバイスの機能と利用目的の説明(1〜3行)
　(5)遺伝子・生物デバイスの構成の説明(3〜5行＋イメージ図)
　(6)遺伝子・生物デバイス用各遺伝子の部品構成の説明(5〜10行)

問題2　遺伝子・生物デバイスの塩基配列情報をUGENEファイルで作製しなさい。

問題3　一緒に勉強しているグループメンバーの前で，一人あたり3〜5分間で，上記(1)〜(6)について説明しなさい。説明時にはＡ４判１枚程度の資料を人数分準備して配布すること。生物デバイスの構成をイメージ化した図などがあるとよいでしょう。

あとがき

　「まえがき」でも申し上げましたように，このテキストは 2011 年度に北海道大学の理系の新入生を対象として開講した一般教育演習(通称：フレッシュマンセミナー)のメニューのひとつとしての「遺伝子デザイン学入門」の講義用ノートとして，その年の夏休みに書き始めたものでした。

　講義開始時点で受講定員上限の 20 数名が受講し，2012 年が明けて，2 月 7 日，15 回の 2 学期の講義を終えました。受講生のほとんどがあきらめずに習得に取組み，最後の講義では各自デザインしたオリジナルの人工遺伝子や人工生物デバイスの「名称」「構築目的」「役割」「役割の果たし方」を発表し，各々がデザインした遺伝子の全塩基配列情報を記述したファイルを提出しました。デザインされた遺伝子は，どれも個性豊かで若者らしい創造性に富んだものばかりでした。

　この講義を通じて，「従来，経験値の高い研究者にしか手の届かなかった遺伝子デザインというものも，遺伝子部品と遺伝子部品情報のインフラを整備し，単純化した方法を確立することにより，経験の浅いまたはまったく経験のない大学の学部生にも手の届く技術に進化させることは可能であり，その知識を講義を通じて 30 時間程度で伝授できること」を確信することができました。

　こうした私の試みに半年間粘り強くつき合ってくれて，最後まであきらめずに技術習得に取組んでくれた北海道大学の新入生諸

君，本書の出版に多大なる協力をしていただいた北海道大学出版会に，この場をお借りして，心より深く感謝いたします。

2012 年 10 月
北海道大学地球環境科学研究院・准教授・医学博士　　山崎　健一

索　引

ア　行

アクセサリー生物デバイス群　61
アグロバクテリウム　71
アノテーションウィンドウ　82
アミノアシル tRNA 合成酵素群　58
アミノ酸　49
アミノ酸の一文字表記　31
アミノ酸の生合成　59
アミノ末端　29
一文字表記　29
遺伝子改良生物　51
遺伝子機能の連鎖　39
遺伝子組換え家畜　6
遺伝子組換え魚類　6
遺伝子組換え昆虫　6
遺伝子組換え作物　4
遺伝子組換え実験　2
遺伝子組換え臓器　6
遺伝子組換え大豆　4
遺伝子組換え鶏　6
遺伝子クラスター　10
遺伝子系　46
遺伝子断片　15
遺伝子デザイン　10, 14, 110
遺伝子デザインソフトウェア　18
遺伝子デザインツール　19, 80
遺伝子部品　11, 15, 34
遺伝子部品カタログ　15, 34, 42
遺伝子部品コア配列情報　85, 87
遺伝子部品情報　112
遺伝子部品の進化　19
遺伝子部品配列情報　87
インディゴブルー　74
イントロン　25, 30, 50
インポート　87
運動　61
栄養分・水分の枯渇　64
エキソン　30, 50
エストロゲン　68
エフェクター遺伝子　71
塩基置換　38
オバマ大統領　2
オブジェクトウィンドウ　82
オブジェクトツールバー　82
オペレーター領域　24

カ　行

回文配列　40
核移行シグナル　25
核局在シグナル　73
核内受容体　71, 73
カルボキシル末端　29
環境応答　61
環境適応　61, 64
環境ホルモン　68
還元力　60
器官デザイン　110
基本転写因子　22

キメラ遺伝子　13, 71
キメラタンパク質　73
客観的アルゴリズム　14
共通下流配列　35
共通上流配列　35
局在化シグナル　25
クレイグ・ヴェンター　6
経済選択　19
結合するドメイン　73
ゲノム　10
ゲノムサイズ　57
ゲノム情報　57
ゲノム情報解析　12
ゲノム情報基盤　12
原核生物　22
健康被害　4
コア生物デバイス群　58
コアプロモーター領域　22
工学原理　14
合成生物学　10
合成生物学的技術　2
合成生命　7
功利選択　19
合理的遺伝子設計　14
コンセプトデザイン　69
コンピュータ　80

サ 行

最小ゲノム　48, 57
作製意図　112
サフィックス配列　35, 88
残留農薬　4
シグナペプチド配列　25
シスエレメント　22, 27
自然選択　19

シミュレーション　80
シャイン・ダルガノ配列　28
終止コドン　25, 28, 42
小胞体　30
小胞体移行シグナル　25
小胞体保留シグナル　25
植物バイオセンサー　68
植物用 TATA ボックス　75
植物用ターミネーター　73
植物用プロモーター　73
女性ホルモン　68
女性ホルモン結合部位　71
女性ホルモン受容体　69
ショットガンシークエンシング法　7
真核生物　22
人工遺伝子　10, 51, 68
人工ゲノム　2
人工細菌　2
人工生物　51
人工多能性幹細胞　7
新資源　61, 63
水平伝播　19
ステム・ループ構造　29, 31
スプライシング　25, 30, 50
制限酵素　39, 40
制限酵素処理シミュレーション　97
制限酵素切断部位　37
制限酵素ビュー　82
生合成　59
生存確率　61, 64
生存競争　19
生体防御　61, 63
生物個体デザイン　110

生物資源保存機関　12
生物デバイス　16, 46, 56
生物デバイス情報設計　47
生物デバイスデザイン　110
生物デバイスドライバー　46, 48
生物ロボット　10
生命機能　10
生命システム　10
赤色蛍光　108
脊椎動物　69
設計思想　14, 18
セレラ・ジェノミクス　7
潜在的可能性　2
潜在的なリスク　2
ソフトウェア　80

タ 行

耐熱性DNA合成酵素　39, 42
単純ヘルペスウィルス　73
タンパク質コード領域　25
タンパク質ドメイン　13, 26
タンパク質分解酵素群　58
地球型生物　49
ツールバー　82
適応戦略　64
テキストエディタ　83, 86
テトラサイクリン関連遺伝子　107
デバイス　46
デバイス設計　47
デバイスドライバー　46
転写因子群　58
転写開始部位　22, 24, 27
転写活性化因子　73
転写活性化ドメイン　73

転写コアクチベーター　22, 30, 69
転写コリプレッサー　30
転写終結部位　26
転写装置　48
転写調節領域　22, 27
転写抑制因子　24
天然遺伝子　51
天然生物　51
突出末端　41
突然変異　19
トランジットペプチド　25
トランスファーRNA群　58
トランスポゾン　57

ナ 行

内分泌系　69
ヌクレオチド　49
熱ショックタンパク質群　64
農薬摂取量　4

ハ 行

バイオ倫理委員会　2
バクテリオファージ　41
ヒトゲノム計画　7
ピリミジン塩基　30
ブックマークウィンドウ　82
部品カタログ　112
プラスミドベクター　34, 42
プリン塩基　30
プレフィックス配列　35, 42, 88
フレーム　35, 42
フレームシフト　35, 42
プロジェクト　83
プロジェクトウィンドウ　82
プロモーター領域　22

分子機構モデル　11
分子シャペロン　64
分子シャペロン群　58
分子メカニズム　69
平滑末端　41, 95
ペルオキシソーム　31
ペルオキシソーム移行シグナル　25
鞭毛　62
胞子　64
ポリA　30
ポリA合成酵素　26
ポリA付加シグナル　26
ポリペプチド　49
ポリメラーゼ連鎖反応　39
翻訳　49
翻訳因子群　58
翻訳開始コドン　25
翻訳開始部位　24
翻訳終結部位　26
翻訳装置　48
翻訳増幅シグナル　73
翻訳増幅配列　27
翻訳調節領域　24

マ 行

マイコプラズマ　2
ミトコンドリアマトリックス移行シグナル　25
メニューバー　82
モデリング　80

ヤ 行

山中伸弥　3
融合遺伝子　35

誘導多能性幹細胞　7
葉緑体タンパク質　25

ラ 行

ライブラリー　34
リプレッサー　24
リボソーム　49
リボソーム結合部位　108
リン脂質の生合成　60
レポーター遺伝子　71, 74
連結後介在配列　35

記 号

β-グルクロニダーゼ　74
σ因子　24, 30
Ω　73
16S rRNA　30, 108
3' 非翻訳領域　26
3'-UTR　26
3つ組コドン　49
5' 非翻訳領域　24
5'-UTR　24

A

Anti-Shine-Dalgarno sequence　28
ATP合成酵素　60
Available fragments ウィンドウ　92

B

BAC　13
BioBrick カタログ　16
BioBricks　16
BioBricks foundation　16

BioDevices　16, 56
Blunt　95

C

Construct Molecule　92

D

Digest into Fragments　98
DNA 鋳型　40
DNA 結合ドメイン　73
DNA 合成酵素　60
DNA の複製　60
DNA 配列解析装置　12
DNA プライマー　40
DNA リガーゼ　13, 39, 41
dT　107

E

*Eco*RI　42
EST　6

F

FASTA　85
*Fse*I　43

G

GenBank　84, 85
GenParts　34

I

iGEM　16
iPS 細胞　7

L

LexA　73

M

Make Circular オプション　100
mRNA　49

N

New molecule contents ウィンドウ　94
NID　73
NLS　73
*Not*I　43

O

ORF　25

P

P35S　73
PCR　13, 39
polymerase chain reaction　39
*Pst*I　42
Ptet　107

R

RBS　24, 107
REBASE　90
RFP　107
RNA 合成酵素　26, 58
RNA プライマー　60
RNA 分解酵素群　58
RNA ポリメラーゼ II　22, 30

S

Scar　35
Shine-Dalgarno sequence　28
*Spe*I　42

SV40　73

T

T抗原　73
TATAボックス　22
TATAボックス結合タンパク質　22
TATAボックス配列　27
TBP　22
TFIIB　22, 30
TFIID　22, 30
The Registry of Standard Biological Parts　85
TIF2　73
TIGR　7
Tnos　73
tRNA　50

U

UGENE　19, 80
Unipro社　19

V

VP16　73

X

*Xba*I　42

山崎 健一（やまざき けんいち）

1956年静岡県生まれ。1981年大阪大学大学院医学研究科博士課程に進学し，分子生物学を学び，「大腸菌トリプトファンオペロンなどの転写調節機構の研究」に従事。1985年博士号を取得し，横浜市立大学大学院医学研究科生化学教室の助手となる。1988年，名古屋大学大学院農学研究科に助手として着任し，その直後，米国ニューヨークのロックフェラー大学・訪問研究員として通算1年間滞在。国際生物学賞受賞者であるNam-Hai Chua博士のもとで，植物分子生物学の研究に従事し，世界に先駆けて「植物の試験管内メッセンジャーRNA合成系の開発」に成功。1997年に准教授として北海道大学地球環境科学研究院に着任。現在，北海道大学大学院・地球環境科学研究院・准教授として教育研究に従事。2000年から合成生物学分野の開拓をこころざし，生物デバイスデザイン手法の開発をしながら，「ヒトステロイドホルモンを検出できる植物バイオセンサー群の開発」に成功。その後，人類に役立つ新しい人工生命体の創造を目指して，日々研究に取組む。このような研究の一方，小学生のための実験教室「サイエンス教室」を主催する会社「(有)メンデル工房」を設立し，その創設者として活躍し，2008年日本化学会から化学教育有功賞を受賞。2010年からは米国マサチューセッツ工科大学で毎年行われる「生物ロボットコンテスト(iGEM)」に北大生チームを率いて参加し，その取組みを通じて「教育へのゲーム性導入による大学教育改革」に取組んでいる。若いころの趣味は，少林寺拳法・スキー・テニス・競技舞踏，現在はマラソン。

伊藤 健史（いとう たけし）

1993年北海道生まれ。2008年，札幌北高等学校に進学。2011年，北海道大学医学部医学科に進学し，現在在学中。毎年米国マサチューセッツ工科大学で行われる「生物ロボットコンテスト(iGEM)」に2011年から北大生チームメンバーとして参加し，2012年もチームの一員として，世界大会での善戦を目指している。趣味はプログラミング・料理・スキーなど。第7章を分担執筆。

遺伝子デザイン学入門 Ⅰ
かんたんデザイン編

2012年11月25日　第1刷発行

著　者　　山　崎　健　一
　　　　　伊　藤　健　史

発行者　　櫻　井　義　秀

発行所　　北海道大学出版会

札幌市北区北9条西8丁目　北海道大学構内（〒060-0809）
tel. 011(747)2308・fax. 011(736)8605　http://www.hup.gr.jp/

㈱アイワード　　　　　　　　　　　©2012　山崎健一・伊藤健史

ISBN978-4-8329-7413-5

鈴木章ノーベル化学賞への道	北海道大学 CoSTEP 著	四六・90頁 価格 477円
細 胞 診 の 手 引	井上勝一 中村仁志夫 編著	B5・264頁 価格7500円
細 胞 診 断 学	中村仁志夫 井上勝一 編著	B5・228頁 価格6000円
環 境 生 理 学	本間研一 彼末一之 編著	B5・456頁 価格9000円
バイオとナノの融合 I ―新生命科学の基礎―	北海道大学COE 研究成果 編 編集委員会	A5・386頁 価格3600円
バイオとナノの融合 II ―新生命科学の応用―	北海道大学COE 研究成果 編 編集委員会	A5・388頁 価格3600円
壊血病とビタミンCの歴史 ―「権威主義」と「思いこみ」の科学史―	K.J.カーペンター著 北村 二朗 訳 川上 倫子	四六・396頁 価格2800円
21世紀・新しい「いのち」像 ―現代科学・技術とのかかわり―	馬渡峻輔 木村 純 編著	四六・292頁 価格1800円
インターネットをつくる ―柔らかな技術の社会史―	J.アバテ著 大森 義行 訳 吉田 晴代	A5・344頁 価格2800円
〈増補版〉エキノコックス ―その正体と対策―	山下 次郎著 神谷正男増補	四六・292頁 価格2800円
適 応 の し く み ―寒さの生理学―	伊藤 真次著	四六・264頁 価格1400円

―――――――――北海道大学出版会―――――――――

価格は税別